新・地球環境政策

亀山康子
Kameyama Yasuko

昭和堂

はじめに

二〇〇三年に『地球環境政策』を執筆して七年が経過した。七年前、冒頭で、「地球環境問題はいまや世界共通の問題となってきた」と書いた。そして今、地球の環境は、七年前よりも改善したとは決していえない。問題に取り組んでいないわけではない。しかし、私たちの取り組みよりも数倍早いスピードで、人類の経済活動が成長し、資源や環境サービスを利用し続けているためだ。

地球環境問題への取り組みに見られるわたしたちの対応は行き当たりばったりで、実のところ政策決定者の個人的な経験と直感に基づくだけのものであったり、関係者間での利害調整の結果でしかないことが多かった。つまり、科学的知見が十分検討されないまま問題が話し合われたり、問題の根本にある原因が着手されずに終わったり、ある条約の経験が他の条約に生かされなかったり、という状態がしばしば見受けられたということである。その場しのぎの対応が続いてしまっている理由のひとつに、地球環境問題の解決を目指した国際的な活動は増えているにもかかわらず、それを包括的に評価・分析する研究者の数がまだ十分とはいえない現状があげられる。

本書の目的は、このような現状をふまえて、おもにこれから地球環境問題への取り組みについて学びたい（そして行く行くは地球環境問題の研究者になりたい）と考えている大学生および大学院生のために、地球環境問題の国際関係に関する諸研究の地図を描くことである。

地球環境問題は、ジグソーパズルに描かれた大きな地図である。そして、地球環境問題をめぐるさまざまな状況や対応は、一つひとつのピースに相当する。地球環境問題とは何か。問題の原因は何か。なぜ、問題が生じているのか。なぜ、問題が解決していないのか。今まで国際社会は、地球環境問題に対していかなる対応をとってきたのか。これらの対応の成功点と失敗点は。失敗点を克服する方法はあるのか。地球環境問題への対応は、他の国際問題への対応と異なるのか。異なるのであれば、なぜ、異なるのか。以上の疑問に答えるために、今までに多くの研究が行われてきた。ひとつずつ研究論文を読んで理解するたびに、小さなピースに描かれたそれぞれの図柄ははっきりと見えてくることだろう。しかし、地球環境問題の原因から解決までの全体像を知るためには、そのピースが他のピースとどのようにつながり、全体のジグソーパズルの中でどのあたりに位置づけられるのかが、わかっていなければならない。パズルが完成するにしたがって、地球環境問題の因果関係や問題の根源がはっきりしてくるのである。

本書では、読者の頭の中に描かれる地図を少しでも完成に近づけられるよう、さまざまなピースをかき集め、それを配置した。つまり、地球環境問題への取り組みに関する今までの代表的な研究論文を紹介し、その画期的な点を取り上げつつ他の研究との関係がわかるよう位置づけている。この作業によって、ピースがぬけている部分があることも発見されるだろう。ここは、残された研究課題である。また、本書の描く地図が唯一の正しい地図ということではない。ピースの配置を変えて、まったく異なる地図を描くことも可能である。読者の方々の新たなピース探しや地図作りに、本書が少しでも役に立てるよう願っている。

なお、本書を書くにあたってお世話になった方々に、前回のまえがきと一部重複するが、改めてここに記したい。

誰よりもまず先にお礼を述べるべきは、独立行政法人国立環境研究所社会環境システム研究領域長（当時）の故森田恒幸氏。本書の先の出版物『地球環境政策』を出版して間もない時期に、肝不全のため五三歳の若さで急逝された。上司として、また、最先端を走る環境政策研究者として、十数年にわたって筆者の研究活動を叱咤激励して下さった。森田先生のご指導がなければ、今の筆者はない。また、本書にちりばめられたさまざまな視点や論点は、日頃の研究活動にてお世話になっている多くの方々との意見交換から生まれている。中でも龍谷大学の高村ゆかり先生の明快な議論からはいつも学ぶことが多い。さらに、政策に携わる方々とのやりとりも、研究の糸口をつかむのに大変有益である。特に環境省の一部の方には日頃より大変お世話になっており、この場を借りてお礼を申し上げたい。もちろん、職場で一緒に日々研究活動を営んでいる方々との切磋琢磨も、学術的な観点から環境問題に取り組むために不可欠である。日々のご厚意に感謝申し上げる。本書の出版にあたっては、昭和堂の松井久見子氏が、前の版からバージョンアップしたいという筆者の要望を認めてくださり、前回と同様に細やかかつ適切な助言を下さったおかげで、前回よりさらに読みやすい書物としてできあがった。綿密なアドバイスに心から感謝申し上げます。

最後に、前回の版では産まれたばかりだった優士と、まだ産まれていなかった晴薫、そして夫の哲に感謝の意を表します。筆者が日々地球環境問題を考えているのは、あなたたちに、今と同じ地球を残してあげたいからなのだと思います。

二〇一〇年七月　猛暑のつくば市にて

亀山康子

もくじ

はじめに …… i

第Ⅰ部 地球環境問題と持続可能な発展 …… 1

第1章 地球環境問題への国際的取り組みの歴史 …… 2

1 人間と地球環境――持続可能な発展 …… 2

2 地球環境問題の歴史 …… 4

地球環境問題の萌芽期 4
ストックホルム人間環境会議から一九八〇年代まで 6
国連環境開発会議（UNCED） 12
UNCED後の動き 14

3 「持続可能な発展」論 …… 18

「持続可能な発展」とは？ 18
「持続可能な発展」の三つの価値 19
「持続可能な発展」計測のための指標 22

ズームアップ・コラム　数字で見る地球環境……28

第II部　地球環境問題への国際的取り組み……31

第2章　地球環境問題の全体像……32

1　地球環境問題の枠組み……32

2　地球環境問題の種類……33

「地球環境問題」の定義　33　地球環境問題の分類　35

3　地球環境問題への対応……41

自然の動植物の保護・保全に関する問題　41　環境の質の維持　45
おもに途上国の問題であるが、国際的取り組みが求められている問題　49

4　条約・議定書の効力……52

国際法の効力の計測　52　環境条約の効力に関する研究　55

5　遵守関連規定……58
国家が国際法を遵守するためには……58　遵守措置の具体例①――モントリオール議定書　62
遵守措置の具体例②――気候変動枠組条約と京都議定書　63
ズームアップ・コラム　COPとは何か？……66

第3章　国際条約の交渉過程……67

1　環境問題――取り組みから解決へ……67
2　酸性雨……70
酸性雨問題とは？　70　欧米の酸性雨問題　71
アジア地域の酸性雨問題　74
3　気候変動……75
気候変動問題とは？　75　気候変動枠組条約　77
京都議定書交渉　80　京都議定書の内容　84　京都議定書後　86
4　生物多様性……90
5　地球環境保全を目的とした制度構築の理論……93
国際交渉を説明する　93　レジーム、ガバナンス、規範、制度　94

6 国際交渉の経験をふまえた帰納的分析……98
モントリオール議定書交渉の経験から 98　京都議定書交渉の経験から 100
リーダーシップをとる国の存在 102　科学的知見や対策に関する情報の共有 103
枠組条約—議定書タイプの交渉手続き 104　国際機関や議長などの個人の役割 106
地球環境問題への関心の高まり 107　三つの事例から学んだこと 107
7 分析手法を用いた演繹的分析……109
国際合意を説明する 109　ゲーム理論 110　モデル分析 112
ゲーミング・シミュレーション 113　シナリオプラニング 114
ズームアップ・コラム　ＩＰＣＣとは何か？……119

第4章 国の決定を説明する……120
1 「国」と「国内」との関係……120
2 気候変動問題に対する日本・アメリカ・ヨーロッパの対応……123
気候変動問題を取り上げる理由 123　日本 124　アメリカ 131
ヨーロッパ連合（ＥＵ） 137　日本・アメリカ・ヨーロッパの比較 142

3　国の政策決定の比較分析……146
比較政治学による環境政策研究　146　一九七〇～八〇年代の比較研究　147
一九九〇年代以降の研究　149
4　国以外の行動主体……151
「国」の扱い　151　個人――とくに政治的指導者　152　科学者――科学的知見　154
企　業　156　環境保護団体　159　地方自治体　162
5　その他の行動主体……163
国の連合体　163　ヨーロッパ連合（EU）　163　経済協力開発機構（OECD）　165
ズームアップ・コラム　日本の環境保護団体……170
第Ⅲ部　地球環境問題と他の問題との関係……171
第5章　途上国の環境問題……172
1　途上国と持続可能な発展……172
2　途上国の発展――理論と現実……174

3 途上国における環境問題の解決に向けた途上国での政策……178
4 途上国での環境問題への取り組みを支援する枠組み……180
世界銀行 180 地球環境ファシリティー 182 OECD開発援助委員会 185
二国間援助 185 海外直接投資 186 その他の主体――企業や環境保護団体の役割 188
環境・債務スワップ 188 クリーン開発メカニズム 190 近代化に向けた支援のあり方 191
5 途上国の地球環境問題への対応……193
途上国と地球環境問題 193 オゾン層破壊 193 生物多様性の喪失 194 気候変動 195
6 公平性の議論……197
「公平」な負担配分とは？ 197 共通だが差異ある責任 199 公平性に関する議論 199
ズームアップ・コラム 途上国の定義……206
第6章 地球環境問題とその他の国際問題との関係……207
1 他の国際問題とのインターリンケージ研究……207
2 環境と安全保障……209
環境安全保障とは？ 209 「環境と安全保障」研究の分類と評価 209
「環境と安全保障」研究への批判 212 現実に見られる「環境と安全保障」 213

3 環境と貿易……214
自由貿易に向けた動き 214　自由貿易と環境問題との関係 215
GATTおよびWTOの動向 216　環境関連の国際条約における貿易制限規定 218
4 環境とその他の守るべき価値との両立……219
環境と女性 219　現実に見られる「環境と女性」 222
環境と民主主義 224　環境関連条約の重複 225
ズームアップ・コラム　日本の環境安全保障……231
将来に向かって――今後の地球環境問題の見方……232
これからの研究テーマ 232　途上国を対象とした地球環境政策研究 232
地球環境問題に関する国際制度の比較分析 235　地球環境問題と他の国際問題との比較 235
地球環境政策を学ぶためのキーワード……237
リーディングガイド……243
索　引……ii

第Ⅰ部

地球環境問題と持続可能な発展

§ §

「宇宙から見た地球は、人間や建物ではなく雲や海洋や森林や土壌に覆われた小さな壊れやすい球である。人間活動がこの球の許容量を超え、今、この星のシステムが根本的に変えられようとしている。」(WCED 一九八七)

第1章

地球環境問題への国際的取り組みの歴史

日常的に聞かれるようになった「地球環境問題」ということば。この問題は、いつごろ、どのようにして、国際的な関心を持たれるようになったのか。そして、この問題を解決するための概念として用いられる「持続可能な発展」とは何か。本章では、地球環境問題の歴史を学ぶ。

この章で学ぶキーワード

◎持続可能な発展
◎ストックホルム国連人間環境会議
◎国連環境計画
◎国連環境開発会議
◎世代間公平

1 人間と地球環境——持続可能な発展

私たちは、地球の恵みを利用しながら、豊かで過ごしやすい社会を創り上げてきた。日本での日常生活を考えてみよう。家の中では、寒ければ暖房、暑ければ冷房を入れて、年中、快適な温度で過ごすことができる。夜になれば電気をつけ、テレビを見る。夕食には遠海でしか獲れない魚が食卓に上る。ごみを出せば、どこか私たちの知らない場所に持って行かれて処分される。

過去の暮らしと比べて、現在に生きる私たちは、何倍もの多くの資源を消費し、何倍も大量の廃棄物を放出している。さらに、世界の人口は、ここ数十年で爆発的に増えている。一九五〇年には二五・二億人であった世界人口は、二〇〇七年には六六億人を突破し、その後も年率一・二%ほどの速度で増え続けている。地球にかかる負荷の総量は、一人あたりの地球への負荷と人口をかけあわせたものとして考えることができるから、その双方が増加しているときに地球にかかる負荷の増加速度は、今までの人類の歴史で前例がない水準であることが容易に想像できる。さまざまな地球環境問題が、近年、急に深刻さを増してきた背景には、このように急速に拡大していく人間活動が地球環境に与える負荷と、地球の容量との間で、バランスがとれなくなってきたことにある。

それでは、地球の環境を維持するためには、私たちは今の生活を捨てなければならないのだろうか。それとも、豊かな生活と地球保全を共存させる道があるのだろうか。「地球環境問題」ということばが広く認識されるようになったのは、つい二〇年ほど前からである。しかし、この問題を取り巻くより広い問題群に関する警告は、もっと以前から見られてきた。そして、この警告に対して、私たちは、失敗を重ねながらも、その失敗を経験として学びながら少しずつ対応してきている。そのような私たちの成長によって今日いたった考え方が、「持続可能な発展」[*1]という概念である。

本章では、地球環境問題全般にわたって、今日までの取り組みの歴史を、その時代ごとの主要な考え方を中心にたどる。また、その歴史のなかでも重要な概念となった「持続可能な発展」の概念について、意味や考え方をくわしく見ていくことにする。

＊1 「持続可能な発展」はsustainable developmentの邦訳である。developmentを「開発」と訳す場合もあり、決まったルールはない。ここでは、「国連環境開発会議」など正式に邦訳がある場合を除き、人間生活の質の向上の意味がより強く反映される「発展」を用いることにする。

2　地球環境問題の歴史

地球環境問題の萌芽期

環境問題に対して、国内だけでなく、国境を超えて取り組んでいこうとする動きが見られるようになったのは、二〇世紀に入ってからのことである。それ以前にも環境問題がなかったということはない。しかし、それを「環境問題」と認識し、さらには国という枠を超えて取り組もうという動きにはならなかった。一九〇九年には、パリにて自然保護のための国際会議が開催され、国際的な自然保護機関の設立が提唱されたが、当時、各国の政府からはほとんど賛同は得られなかった。その後、一九一三年に自然の国際保護に関する諮問委員会が発足されたものの、第一次世界大戦の勃発により消滅してしまった。大戦が続く時代に、環境問題について話し合う土壌ができていなかったのは、むしろ当然のことといえる。

第二次世界大戦後になると、ようやく、地球規模のさまざまな問題について指摘する声が聞かれるようになった。しかし、それに関する国際活動の大半は、国家主導型ではなく、国連機関の主導によるものであった。環境問題に関する戦後初めての大規模な会議は、一九四九年に国連食糧農業機関（ＦＡＯ）[*2]、世界保健機関（ＷＨＯ）[*3]、国連教育科学文化機関（ＵＮＥＳＣＯ）[*4]、国際労働機構（ＩＬＯ）[*5]が共同主催した「資源の保全と利用に関する国連科学会議（ＵＮＳＣＣＵＲ）[*6]」であった。この会議は、何らかの具体的な対策について政府間の合意を目指すような趣旨のものではなかったが、環境問題に関する初の国際的な意見交換の場として、注目に値

＊2　Food and Agriculture Organization.

＊3　World Health Organization.

＊4　United Nations Educational, Scientific, and Cultural Organization.

＊5　International Labor Organization.

＊6　United Nations Scientific Conference on the Conservation and Utilization of Resources.

する。[*7]

その後、次第に、環境問題として取り組むべき問題の範囲が拡大してきた。日本でも一九五〇、六〇年代にそうであったように、多くの先進国では、大気汚染や水質汚濁など、国内の公害が深刻な問題として浮かび上がったが、当初は、公害はあくまで国内問題であり、世界全体で力を合わせて取り組むべき問題として環境問題を取り上げようとする意欲が見られることは少なかった。しかし、徐々に各国で公害対策が広まり、国内の汚染が最悪の状態を脱し始めたころから、公害問題より広範な問題として、地球規模の問題が人々の関心を集めるようになった。

この時期に新たに注目されるようになった問題が大きく二つあった。ひとつは、途上国における急激な人口増加。二つめは、先進国における急速な工業化に伴う資源の大量消費の結果としての自然資源の枯渇や、人口増加の結果としての食糧不足、といった資源需給のギャップに関する懸念である。[*8]

地球と人間活動との関係を懸念する声の先駆となったのは、一九六二年に出版されたカーソンの『沈黙の春』である。[*9] カーソンは、農薬として広く用いられていたジクロロジフェニルトリクロロエタン（ＤＤＴ）の自然界への散布が、いずれは食物連鎖や自然の循環機能をつうじて人類の健康被害にと戻ってくるというメッセージを寓話によって表現し、大きな反響を得た。今までは人類の英知によって自然を都合のよいように変えてきたと思っていたのだが、自然の変化によって人類がしっぺ返しを受けることになる、ということである。また、一九六八年には、ハーディンの論文「共有地の悲劇」が、科学雑誌『サイエンス』に掲載された。[*10] 複数の人が共有している牧草地に家畜を放牧するとする。みな、一頭でも多くの家畜を持ちたがるために、どんどん数が増えていってしまう。家畜の数が少ないうちは、牧草はいくらでも生え

＊7　Miller 1995.

＊8　Ward and Dubos, 1972.

＊9　Carson 1962.

＊10　Hardin 1968.

るので問題ないのだが、だんだん増えていくうちに牧草が食い尽くされ、結局全部の家畜が餓えてしまう。ハーディンは地球を共有地にたとえることにより、何らかの国際的な規模での規制がなければ、地球の資源はわれ先にと争奪され、いつか枯渇してしまうだろうという警告を発したのだった。

急激な人口増加を取り上げたエーリッヒの『人口爆弾』[*11]でも、資源枯渇や環境破壊は、人口の増加が最も根本的な原因であるとして、人口爆発を予想した悲観的な将来が描かれている。一九七二年には、地球が抱える問題に関心をもつ科学者が多様な国から集まったローマ・クラブというグループが、その対話の成果を『成長の限界』に著した。[*12]そこでは、今後、資源の枯渇や公害の悪化、人口増加による一人あたりの資源不足から、人類が絶滅に近い状況にまで追いこまれるというシナリオをシステムダイナミクスモデルで推計し、世界の破局的な将来を視覚に訴えた。

これらの著書や論文は、どれも地球の限界と人類の行くすえを警告するものであった。この問題について、どのように取り組むべきなのか。これは、一国だけでは解決できない問題であった。

ストックホルム人間環境会議から一九八〇年代まで

地球の将来に関してこのような悲観的な見方が広まり、環境問題や資源制約の問題を地球全体の問題として国際的な場で議論すべきという声が高まった。この結果が、一九七二年にスウェーデンのストックホルムで開催された「国連人間環境会議[*13]」である。

会議の開催自体については各国から賛同が得られていたが、そこで扱うべき議題について事

＊11　Ehrlich 1968.

＊12　Meadows et al 1972; 1992.

＊13　United Nations Conference on the Human Environment.

前に協議する準備会合に各国から寄せられた意見をまとめたフーネレポートでは、途上国の慎重な姿勢が浮き彫りになっていた。第二次世界大戦後、先進国の植民地支配から解放され独立した多くの途上国では、思い通りに工業化の道を歩んで経済発展を実現させることができず、南北問題の解決が途上国にとっての最優先課題と考えられていた。一九五〇、六〇年代に多くの先進国の人々を苦しめた大気汚染や水質汚濁といった公害も、途上国から見れば「先進国病」であり、いわば贅沢な悩みであった。そのため、途上国には縁のない問題で国際会議が開催されることには消極的であり、それればかりか、ここで資源の利用などについて国際的な規制が合意されてしまい、途上国の今後の経済発展に何らかの制約がかかってしまうことを、途上国は懼れていた。

そのため、国連人間環境会議の本番でも、途上国の経済発展と環境保全とどちらを優先させるのか、ということが最大の争点となった。途上国は、環境問題のために出す資金があるなら、途上国の貧困撲滅を目的とした用途にまず優先的に用いられるべきという主張を続けた。これに対して、先進国も、環境問題は重要な問題としながらも、そのために国際レベルで画期的な行動を支持することには躊躇した。何か行動を起こすということになれば、そのために資金や人的貢献が必要となるが、それを提供するのは先進国である。また、あまりにも問題が多岐にわたり複雑すぎて、どこから具体的に取り組めばよいのかも決められなかった。

このような問題を抱えつつ迎えた会議の最終日にようやく採択されたストックホルム人間環境宣言では、有限な資源の保全や公害問題の克服、といった項目と並んで、途上国に対する支援の重要性が謳われている。また、同じく採択された行動計画では、人間の居住地や自然資源の利用などについて一〇九項目にわたって勧告が提示されている。ひとつの文書のなかに、環境保全と途上国の経済発展が、互いの関係について十分議論されることなく両論併記される形となった。

また、この会議では、新たに国連環境計画（ＵＮＥＰ）[*14]の設立が合意された。しかし、どのような組織とするのか、という議論になると各国の利害が衝突した。新しい機関設立は、追加的な資金供給を意味するため、先進国は大規模な国際組織の設立に反対した。途上国も、環境保全を目的とした国連機関が権力を持ちすぎると、途上国の経済開発にとっては制約となるのではと慎重だった。組織の名称に「機関（organization）」ではなく「計画（programme）」ということばが採択されたのは、そのためである。また、途上国の主導性を強調するために、ＵＮＥＰの事務局はケニアのナイロビに置かれた。しかし、この設立当時の各国の消極性が影響して、ＵＮＥＰは設立当初から国連機関の中でも影響力を及ぼしづらい機関となってしまった。ナイロビという場所が他の国連関係機関が集まるニューヨークやジュネーブから離れているという点も、ＵＮＥＰの実質的な活動に不利に働いた。

ストックホルム人間環境会議以降、各国の地球環境問題への関心は薄れ、政治の舞台で環境問題が大きく取り上げられる機会は減った。さらに、国内の公害や、一九七三年と一九七九年の二度にわたる石油危機といったエネルギー資源供給問題を、技術開発や代替資源への転換によって切りぬけた主要先進国では、資源の枯渇に対して楽観的な見方が広まった。ベッカーマン[*15]やサイモンとカーン[*16]は、著書のなかで、人類の能力で科学や技術を進歩させることにより、さまざまな環境の制約を乗り越えていかれると主張した。一九八〇年代の石油価格の下落は、このような楽観論者の主張を後押しした。

一九八二年五月には、ケニアのナイロビにてＵＮＥＰ管理理事会特別会合が開かれたが、ス

＊14　United Nations Environment Programme.

＊15　Beckerman 1974; 1995.

＊16　Simon and Kahn 1984.

資料1－1　国連人間環境会議宣言

ストックホルム国連人間環境会議
国連人間環境会議宣言　1972年6月16日

1．人類は環境の創造者である。今日まで、人類は、その知的、倫理的、社会的、精神的成長のために、周辺環境を作り上げてきた。
2．人間環境の保護と改善は、世界中の人々の健全な生活と経済発展に寄与する。
3．人類には、豊富な経験と創造力が備わっている。正しく使われれば、それはすべての便益につながるが、誤って使われれば、人類及び人間環境に多大な悪影響を及ぼしうる。今日、地球の多くの地域において、水、大気、土壌、生物の汚染、生態系バランスの喪失、再生不可能な資源の枯渇など、人類の経験と想像力が正しく使われないことによる悪影響が見られている。
4．途上国における環境問題の多くは、未開発であることに因る。何百万人もの人が、必要最低限に達しない生活水準にある。途上国は環境改善に考慮しながら発展に努めるべきである。先進国も、途上国との格差を狭められるよう努力すべきである。
5．人口増加は、環境保護にとって障害となっており、適切な政策をとるべきである。世界で最も大切なのは人類であり、社会的進歩の促進、社会資本の創造などは人類によるものである。
6．人類が無知であったり無関心であってもすむ時代は終わった。これからは、人類の英知によって、ニーズと希望に合った環境における生活を維持すべきである。
7．環境の目標を達成するためには、市民や社会、企業などによってその責任が認められる必要がある。規模の大きい政策については、中央政府および自治体の責任となる。
8．人間環境の保護と改善のために、すべての人類の利益のために、そして人類の子孫のための共通の努力を払うよう、政府と人々に求める。

原則1　人類の自由、平等、そして適切な生活を営む権利を重視しなければならない。
原則2　地球の資源は、現在および将来の世代の利益のために保全されなければならない。
原則3　地球の、再生可能な資源を生産する能力は、維持・改善されなければならない。
原則4　人類は、野生の動植物とその生育地を守る責任を有する。
原則5　再生可能でない資源は、全人類の利益となるよう用いられなければならない。
原則6　有害物質の放出量は、環境の浄化力を上回ってはいけない。
原則7　国家は、海洋の汚濁防止に必要な措置を講じなければならない。
原則8　環境および生活水準の改善には経済社会的発展が重要である。
原則9　発展途上あるいは自然災害からの克服のために、資金・技術移転が必要である。
原則10　途上国に関しては、環境と経済のために、価格の安定と一次産品の供給が重要である。
原則11　すべての国家の環境政策は、現在および将来の発展を損なうものであってはならない。
原則12　資源は、途上国での必要性を考慮しつつ、環境保全のために用いられるべきである。
原則13　国家は、経済発展と環境保全が両立するような包括的アプローチを採るべきである。
原則14　合理的な計画とは、発展のニーズと環境改善を調和させるものである。
原則15　植民地的経営や人種差別による支配は撤廃されなければならない。
原則16　人口増加率の高い地域では、基本的人権に抵触しないかたちで人口政策がとられるべきである。
原則17　国家は、環境の質を高めるために適切な計画や管理を行う制度を設けなければならない。
原則18　環境保全と経済発展に寄与するために科学技術が用いられなければならない。
原則19　環境教育が個人や企業、社会の環境保全に向けた行動にとって重要である。
原則20　環境問題に関連する科学研究が促進されるべきである。
原則21　国家は、国連憲章および国際法に則り、自らの資源を利用する主権を有する。
原則22　国家は、環境汚染の被害国に対する責任と補償に関する国際法について話し合うべき。
原則23　国家ごとに適用されている基準について、とくに先進国と途上国の差を考慮すべき。
原則24　環境改善に関する国際問題においては、すべての国家が平等に協力すべきである。
原則25　国際組織は、環境保全のための協調的、効率的、動態的役割を果たすべきである。
原則26　人間と環境は、核兵器およびその他の大量破壊兵器から逃れられなければならない。

(注) 著者要約・抜粋。(出典) United Nations 1972.

トックホルム会議との時とは違い、世界の注目を集められずに終わってしまった。この背景には、人類の技術に対する楽観論が広がっていた当時の状況がある。最終日に採択された「ナイロビ宣言」では、途上国において経済発展の成功のいかんにかかわらず環境破壊・汚染が進行していることを憂慮したうえで、環境問題と経済発展、そして人口増加などその他の問題が複雑に関連していることを重視すべき、として総合的な対応の必要性に言及するにとどまった。

　このように環境破壊や資源枯渇といった問題に楽観的な風潮のなかでも、それに反論しつつストックホルムの精神を受け継ぐ思想も見られる。一九八〇年には、アメリカで当時大統領であったカーターが地球規模の問題に関心を持ち、「西暦二〇〇〇年の地球」を発表した[*17]。

　また、一九八三年には、日本の提唱により、当時ノルウェーの首相であったブルントラントを議長として世界環境開発会議（ＷＣＥＤ）[*18]が発足し、地球環境保全と途上国の開発のあり方が議論された。三年間の活動を経てＷＣＥＤがまとめた報告書が、一九八七年に出版された『われら共有の未来』である。ここでキーワードとなったのが、「持続可能な発展（sustainable development）」であった[*19]（第一章三節参照）。

　ストックホルム人間環境会議の時代には、環境保全と経済発展が相容れないものと理解され、議論が紛糾した。この経験をふまえ、むしろ、環境保全と経済発展を両立させなければ、両方ともいつかは破綻するという考え方を提示したのである。環境保全は経済発展に結びつく。つまり、資源を有効に活用するようにすれば、それだけ長い間、その資源を使えることになる。人々が公害で病気にかかることもなく健康であれば、それだけたくさん働けることになる。逆も真なり。経済的に豊かになれば、それだけ人々の環境問題に対する意識が向上し、環境保全に積極的になる。環境保全と経済発展が両立するという考え方は、途上国の参加を促す

＊17　Government of United States of America 1980.

＊18　The World Commission on Environment and Development.

＊19　WCED 1987.

ためには決定的な発想の転換であった。

また、一九八〇年代後半になると、資源枯渇の問題よりも、地球環境問題への関心が高まってくる（第二章参照）。この時期に地球環境問題が急速に注目を浴び始めたのには、さまざまな理由があげられる。ひとつは、地球環境問題が実際に観測され始めたということである。それまでは、科学者が、オゾン層破壊や気候変動が生じる可能性を理論として論じることはあっても、その理論を裏打ちするデータが不十分であったために、政策決定者に問題意識を持たせるには十分な説得力を持たなかった。しかし、実際に成層圏のオゾン量減少が確認され、大気中の二酸化炭素濃度の上昇が観測データとして示され始めると、科学者の理論は信頼性を持ち、その結果、多くの人の関心を呼ぶようになった[*20]。

二つめの理由としては、メディアの発達がある。熱帯雨林の森林伐採の映像、あるいは、旱魃などによる飢餓で人々が苦しんでいる画像が世界中の一般の人の目にふれられたとき、それに対する危機感や意識が向上したということもあった。

さらに、第三の理由として、冷戦の終結がある（第六章参照）。第二次世界大戦以来、国際政治の最重要課題は冷戦下での紛争であった。アメリカとソビエト連邦（ソ連）との間の軍拡競争や核抑止、キューバ危機のような緊張、朝鮮戦争やベトナム戦争といった軍事衝突が国際政治の最も緊急の問題であった。しかし、一九九一年にソ連が事実上崩壊し、ロシア連邦やウクライナなどの国に分裂した後、今まで冷戦の影に隠れていたその他の国際問題にようやく関心が向けられるようになった。そのなかには、世界貿易機関（ＷＴＯ）の発展に象徴される自由貿易拡大に伴う諸議論や、麻薬取引などの問題があったが、地球環境も冷戦終結とともに脚光を浴びるようになったテーマのひとつである。先にあげたメディアの発達とあいまって、今ま

＊20　Tolba et al 1992.

で情報がほとんど得られなかったソ連からも、環境破壊の現状が知らされるようになったことも、地球環境問題への関心の高まりに拍車をかけた。

このような一九八〇年代後半の準備期間を経て、一九九〇年代に入ると、地球環境問題の時代は本格的に開幕する。

国連環境開発会議（UNCED）

一九九〇年代における地球環境問題への関心の高まりの頂点が、一九九二年に、ブラジルのリオ・デ・ジャネイロにて開催された国連環境開発会議（UNCED[*21]、通称「地球サミット」ともいわれる）であった。

UNCEDには、一七八の国・地域が参加した。UNCEDに参加した政府関係者、産業界、環境保護団体、マスコミ関係者などを合わせると、参加者総数は数万人といわれており、正確な数は把握されていない。とくに、環境保護団体は、UNCEDと並行して地球フォーラムというイベントを独自で企画していたため、そこに世界各国から環境保護団体が集いさまざまな行事が実施された。一一四の国・地域から一二〇〇人の政府関係者が集まった二〇年前のストックホルム人間環境会議と比べると、規模が格段に大きくなったことがわかる。

規模が大きくなったという点では進歩であるが、一二日間に及んだ会議において、途上国の開発のあり方と環境保全との問題を中心にさまざまな争点が噴出した点では、二〇年前と変わりはなかった。たとえば、人口問題ひとつを取り上げても、人口抑制への努力を行動計画に含めるべきという案に対して、宗教上の理由から家族計画に反対する国、貧困が克服されなければ子どもの数は減らせないとして反対する国、そもそも国家の主権に反するとして反対する国

＊21　United Nations Conference on Environment and Development.

があり、それぞれ反対の理由が異なることから意見調整が困難となった。

このような困難な議論を経てＵＮＣＥＤで採択されたのが、リオ宣言とアジェンダ21という、地球環境関連ではきわめて重要な二つの文書である。また、それ以外に、会議前に採択されていた気候変動枠組条約（第三章参照）と生物多様性条約（第三章参照）の署名が開始された。さらに、条約作成までいたらなかった森林保全の問題については、森林原則が採択された。

リオ宣言は、二〇年前のストックホルム宣言に相当するものであり、国や地球レベルで持続可能な発展を実現するために必要な二七の原則から構成されている。このなかには、「持続可能な発展」をはじめとして、「現世代と将来世代との間での公平性（原則三）」や「共通であるが差異ある責任（原則七）」など、これ以降、地球環境問題のキーワードとして用いられるようになった用語も見られる。また、ストックホルム時代では、国の役割にのみ注目していたが、リオでは、個人の役割に注目し、個人のなかでも、女性（原則二〇）、青年（原則二一）、先住民（原則二二）など、それぞれの役割の重要性に注目している。逆に、保有資源の利用に関する国家主権の尊重（原則二）など、伝統的な南北問題の影響を残している項目も、途上国の主張により採用されている。

一方、アジェンダ21は、行動計画として実際に可能な政策・措置を提示したもので、四〇章、総八〇〇ページに及ぶ膨大な行動計画となっている。同アジェンダは、四つの柱で構成されている。第一セクションでは、社会・経済的な側面が論じられている。環境問題は、貧困や、人々の健康、貿易、債務、消費、人口、などの社会・経済的な問題と深く関連しており、社会・経済的な問題を解決しなければ環境問題の根本からの解決は不可能であるという考え方を提示している。第二セクションは、経済発展に必要な資源の保護と管理である。持続可能な発展のためには、土地、海洋、エネルギー、廃棄物といった物質資源を有効利用しなければならないということである。第三セクションは、主要な社会集団の強化である。環境問題は、国の政府だけが取り組んでも解決しない。具体的には、女性、青年、先住民、地方自治体、環境保護団体、労働組合、企業、科学者などの集団の相互パートナーシップを強化する必要があるということである。第四セクションは、実施の手段の多様性である。近年では、民間の国際的な活動が増えているため、技術移転や投資は国だけでなく、民間の役割と補完し合いながら進められるべき、ということである。

ＵＮＣＥＤ後の動き

ＵＮＣＥＤ以降、アジェンダ21の実施に向けたより具体的な検討が進められた。アジェンダ21の第三八条に基づき、一九九二年の第四七回国連総会での決議をふまえ、一九九三年に国連経済社会理事会のもとに持続可能な開発委員会（ＣＳＤ）[*22]が設立された。ＣＳＤは、一九九三年に開催された第一回会合以来、毎年会合を開催してきた。その主要な議題は、①アジェンダ21および環境保全と経済発展の統合に関する国連の活動の監視、②アジェンダ21が各国により実施されるにあたり導入された活動に関するレポートの検討、③アジェンダ21に掲げられた技術的、資金的移転に関する約束の実施状況の評価、④リオ宣言および森林原則声明に盛り込まれた原則の推進、⑤アジェンダ21の実施に向けた勧告に関する報告の国連総会への提出、であった。

一九九七年には、リオ会議から五周年目ということから、地球環境問題に関する国連環境開発特別総会（ＵＮＧＡＳＳ）[*23]が開催された。そこでは、アジェンダ21の実施状況を見なおし、今後もＣＳＤを中心として話し合いを続けていく多年度作業計画「アジェンダ21をさらに実施

＊22　Commission on Sustainable Development.

＊23　United Nations General Assembly Special Session on Environment and Development.

資料1－2　リオ宣言

原則1　持続可能な発展の中心は人類である。
原則2　国家は、自らの環境政策および発展政策のために自国内の資源を利用する主権を有する。
原則3　発展の権利は現世代と将来世代との間で公平に充足されなければならない。
原則4　持続可能な発展の実現には、開発計画と環境保全との統合が必要である。
原則5　貧困の撲滅は、世界のすべての国、人々の協力によって達成されなければならない。
原則6　途上国の特別な事情が考慮されるべきである。
原則7　共通であるが差異ある責任のもとに、すべての国が協力して環境保全に努力しなければならない。
原則8　持続可能でない生産パターンや消費パターンを排除するための政策および人口政策を促進すべきである。
原則9　持続可能な発展に向けた能力増強、教育、科学的知見の普及、技術移転などを推進しなければならない。
原則10　世論の関心を高めるための情報へのアクセス、意思決定過程への参加などを促すべきである。
原則11　環境基準や環境管理は各国の事情に合わせて効果的な制度を導入しなければならない。
原則12　持続可能な発展のためには、開かれた国際経済システムを重視する必要がある。
原則13　環境汚染による被害を被った者に対する補償の法制度が各国内で規定されなければならない。
原則14　有害物質の越境移動の抑制に協力すべきである。
原則15　予防原則の重要性。科学的不確実性は行動を起こさない理由にはならない。
原則16　環境費用の内部化に向けた経済政策を実施しなければならない。
原則17　環境影響評価を導入すべきである。
原則18　環境に被害を及ぼす自然災害が生じることがわかった場合に、その通知と協力に努めるべきである。
原則19　越境汚染が生じることがわかった場合、隣国に早期に通知すべきである。
原則20　環境管理と発展における女性の役割と参加を重視しなければならない。
原則21　青年の創造性、理想、勇気による持続可能な発展を実現しなければならない。
原則22　先住民の知識や伝統による持続可能な発展を実現しなければならない。
原則23　抑圧、占領された人々の環境および自然資源を保護しなければならない。
原則24　戦争は持続可能な発展にとって破壊的である。
原則25　平和、発展、環境保全は相互に関連し合っている。
原則26　環境関連の紛争が生じた際には国連憲章に従い平和に解決しなければならない。
原則27　本宣言や持続可能な発展に関するその他の国際法の実施の際には、協力、パートナーシップが重視されるべきである。

（注）概要のみ、著者要約。（出典）United Nations 1992.

するための計画」が採択された。その後のCSDでは、たとえば、飲み水の供給や海洋といった分野別の課題、消費活動や技術移転などの分野横断的な課題、そして産業活動やツーリズムといった経済活動に関する課題の三グループに分け、毎年違うテーマで議論された。

CSDの到達点として、二〇〇二年八月から九月には、UNCEDの一〇周年記念の会議「持続可能な開発に関する世界首脳会議（環境開発サミット）」が南アフリカのヨハネスブルグで開催された。そこでは、UNGASSに続いて二回目のアジェンダ21の実施状況に関する包括レビューが行われると同時に、二一世紀の地球に生きるわれわれの新たな課題について話し合われた。そして、その評価に基づき、最終日には、一〇年前の地球サミットと同様、実施計画とヨハネスブルグ宣言の二文書を採択して閉会した。実施計画には、たとえば、途上国への資金支援に関してモンテレイ合意（開発資金国際会議合意）を、また、貿易と環境保全との関連については、それ以前に開催された世界貿易機構（WTO）のドーハ閣僚宣言をふまえることが合意された。再生可能エネルギーの普及に関しては、世界のシェアを今後十分に増大させることとされた。他方、ヨハネスブルグ宣言では、各国が直面する環境、貧困などの課題を述べた上で、清浄な水、衛生、エネルギー、食料安全保障などへのアクセス改善、国際的に合意されたレベルのODA達成に向けた努力、ガバナンスの強化などが唱われた。今後は、ここでの合意に基づいて、実施に向けた努力がなされることになる。

UNCEDおよびヨハネスブルグ会議の開催によって、地球環境問題の認識は、世界中に広まった。とくに、途上国においては、UNCEDがきっかけとなって、国内の環境問題への関心が高まったという成果もあった。その後は、関心の低下を待つことなく、それぞれ個別の環境問題ごとに会議が開催され、必要に応じて条約などの国際協定が締結されている。

資料1-3　アジェンダ21

第1章　前章

第Ⅰセクション　社会経済的側面
　第2章　持続可能な発展のための国際協力
　第3章　貧困の撲滅
　第4章　消費パターンの変革
　第5章　人口の動向と持続性
　第6章　健康
　第7章　居住地
　第8章　意思決定

第Ⅱセクション　開発のための資源の保全と管理
　第9章　大気の保全
　第10章　土地の資源
　第11章　森林破壊
　第12章　砂漠化および旱魃
　第13章　持続可能な山岳地帯開発
　第14章　持続可能な農業および地域開発
　第15章　生物多様性の保全
　第16章　バイオテクノロジー
　第17章　海洋保全
　第18章　淡水資源
　第19章　有毒化学物質——管理
　第20章　有害廃棄物——管理
　第21章　固形廃棄物——管理
　第22章　放射性廃棄物——管理

第Ⅲセクション　主要グループの役割の強化
　第23章　主要グループ
　第24章　女性
　第25章　児童および青年
　第26章　原住民
　第27章　非政府機関
　第28章　自治体
　第29章　貿易団体
　第30章　企業および産業界
　第31章　科学、学術関連の集団
　第32章　農家の役割

第Ⅳセクション　実施のための手段
　第33章　資金的資源
　第34章　技術移転
　第35章　持続可能な発展のための科学
　第36章　教育、世論の関心および訓練
　第37章　途上国における能力増強
　第38章　国際制度
　第39章　国際法的手法
　第40章　意思決定のための情報

（注）目次のみ、著者訳。（出典）United Nations, 1992.

3 「持続可能な発展」論

「持続可能な発展」とは？

「持続可能な発展」は、先述のとおり、一九八七年のＷＣＥＤの報告書で知られるようになり、一九九二年のＵＮＣＥＤのキーワードとなった。その後、「持続可能な発展」は、いわば地球環境問題に取り組む人がふまえる基盤として最も基本的な考え方となってきており、その実現に向けた研究もさかんになった。ここでは、その概念について、よりくわしく見ていく。

「持続可能な発展」ということばが用いられる前から、似た概念はストックホルム会議の時代にも見られていた。そのころは、たとえばフーネレポート以来、「エコ・デベロップメント」ということばが使われるようになっていた。[*24] この概念が具体的にどういう行動を示唆しているのかについて十分な議論がないまま、次に使われるようになったのが「持続可能な発展」である。このことばが初めて国際的に知られた報告書で用いられたのは、一九八〇年に国際自然保護連合が発表した「世界保全戦略」である。[*25] ここでは、世界の環境保全及び自然資源の適正な利用、そして人類の生活水準の向上をすべて含めた概念として「持続可能な発展」という目標を掲げ、その究極の目標に達成するための三つのより具体的な目的として、①主要な生態プロセスと生命維持システムの維持、②遺伝子の多様性の保護、③生物種と生態系の持続的な利用の保証、を掲げている。

国際自然保護連合は国際的な環境保護団体であり、「世界保全戦略」は、ＵＮＥＰなどの国

＊24 Caldwell 1996; McCormick 1989.

＊25 IUCN 1980.

際機関から支援を受けて作成された報告書ではあったが、国の政府の承認を得たものではなく、影響力も小さかった。そのため、「持続可能な発展」がより大きな反響を得るようになるには、一九八七年に「環境と開発に関する世界委員会」が最終報告書として提出した「我ら共有の未来」が発表されるまで待たなければならなかった。[*26] 環境と開発に関する世界委員会、通称ブルントラント委員会も、すべての国の政府が集まって交渉する性質の集まりではなかったが、ブルントラントの指導力のもと、「持続可能な発展」を全面に掲げた報告書が、世界に知られるところとなった。

同報告書では、「持続可能な発展」は、「持続可能な発展とは、将来世代のニーズを満たす能力を損なうことなく現世代のニーズを満たす発展」（著者訳）であると定義している。そして、この概念は、次の二つの主柱となる概念を含んでいる。

① ニーズの概念——とくに世界の貧困層にとっての必要不可欠なニーズ。このニーズを満たすことが最も優先されるべきである。

② 現状の技術および社会組織のままでは、現世代および将来世代のニーズを満たすには環境容量に限界があること。

持続可能な発展を実現するために、同報告書では、エネルギーや生態系といった自然資源の分野から、産業、都市部、安全保障、などの社会経済的な分野まで幅広く問題点を指摘し、問題の克服に向けた戦略を提案している。

「持続可能な発展」の三つの価値

その後、「持続可能な発展」は一種の流行語となり、数多くの著作が見られるようになっ

＊26 WCED 1987.

た。しかし、その定義がすべて一義的に用いられているわけではない。それらの文献を通してみると、三種類の主柱となる価値を導出することができる。そして、多くの文献では、その三つの価値のうちから二ないし三つを両立させることをもって「持続可能な発展」と定義づけている[*27]。

第一の価値は、自然資源の保護・保全である。このなかには、希少生物の保護や生物遺伝子の保護、生物多様性の保全、自然資源の適切な利用など、自然の制約を重視した観点が含まれる。このなかには、人間の生活の質はとりあえず排除されている。

自然の保全に関しては、二種類の自然を考えなければならない。一つ目は、枯渇性資源の利用方法である。石油や石炭、天然ガスなどの資源は、長い時間をかけてできあがったものであり、使い続けていればいつかはなくなってしまう。このような資源は、人間によって利用されるようになってから、とくに産業革命以降、急速に消費されるようになり、また同時に、急速に人間の生活がこれらの資源に依存するようになった。一九七〇年代の石油危機は、人間が依存している資源がいつかはなくなるものだということを認識させてくれたが、それ以降、次々と油田が発見され、原油価格は下がり、いつか枯渇するという意識は薄れてきている。そのような状況において、資源の有限性を再認識し、改めて適切な利用方法を検討する必要性があるということである[*28]。

二つ目は、再生可能な資源の利用あるいは保全・保護の方法である。森林や海洋資源などの資源は、少しずつ利用すれば、一時的に量は減るかもしれないが、次第に元の量に復元する力を持っている。しかし、再生する速度以上に収穫してしまうと、その数は次第に減り、ある個体数以下になると、そこからいかに保全を心がけても数は増えなくなってしまう。

＊27　森田・川島　一九九三。

＊28　Pearce et al 1989.

大気汚染や水質汚濁も同じように考えることができる。自然には自分で浄化する力が備わっているから、少しの量であれば、大気や河川に汚染物質を放出してもやがてまたきれいな状態に戻る。しかし、汚染物質の量が自己浄化能力を超えてしまうと、自然は次第に汚染されていく。つまり、再生可能な資源は、適正に使い続ければ、いつまでも同じ状態で保つことができるということである。このような考え方には理解が得られやすいが、困難なのは、その適正量を把握することである。魚の適正な漁獲量を知るためには、今、海の中にどれほどの魚がいるかを知る必要がある。

「持続可能な発展」の定義に含まれる二番目の価値は、世代間の公平性である。これは、永続的な経済発展という意味を含む。現在の私達の生活と同じくらい豊かな生活を将来の人々も営む権利がある。それを将来の人々に保証するためには、現在、何をしなければならないだろうか、ということである。

たとえば、現在、ある企業が二種類の投資を考えているとしよう。ひとつは、安くて済むが生産効率は悪く、数年後には使いものにならなくなる設備、もうひとつは、費用はかかるが生産効率もよく、三〇年は保つと考えられる設備である。もし、その企業が短期的にしか計画をたてられなければ、とにかく初期投資に必要な費用が少ない方を選ぶだろう。しかし、もしも長期的な視野で判断が下せるのであれば、当初の費用が高くても最終的には得となるものを選ぶだろう。このように、短期的には費用が多くかかってしまっても、将来のために今投資しておく、という考え方が世代間の公平性につながる。

このような検討は、経済学では割引率の議論として知られたところである。将来世代におけるものの値段と、現在の値段を比べる場合には、割引率で現在価値に割り引く必要があるが、その率をいくらに設定するかによって、解答が違ってきてしまう。「将来世代」といっても、一〇年後の世代と一〇〇年後の世代とでは、将来世代に対する考え方も違ってくるだろう。

最後に、第三の価値として、世代内での公平性がある。これは、現在に生きる人々の間でも、豊かな暮らしを営んでいる人々と、貧困に苦しむ人々がいる状況が改善されなければならないということである。すなわち、第三の価値は、途上国の貧困問題を取り上げることになる。必要最低限のニーズの充足、貧困の撲滅、途上国への資金的、技術的支援、といった課題が提示される[＊29]。

この第三の価値が「持続可能な発展」のひとつの柱となっている背景は、先述のとおりである。途上国における環境問題の根元は、貧困にあるという主張がある。また、経済発展なくして、環境保全に関心を持つことはできないという精神的な側面もある。そのためにも、第三の価値では、環境問題よりは現在に生きる人間の生活に主眼を置くことになる。また、今後、人口増加の大部分が途上国で生じることを考えれば、第二の価値であった将来世代への配慮は、将来の途上国の人々への配慮と考えることもできる。

以上、ここであげた三つの価値——自然資源の保全、世代間の公平性、世代内の公平性——の分類は、ＯＥＣＤなどで用いられている環境、経済、社会という三種類の指標群にほぼ相当する。「持続可能な発展」を実現するということは、この三つの価値あるいは視点から提示される条件が、同時に満たされるような人間活動を具現化していくことにほかならない。

「持続可能な発展」計測のための指標

私たち人類が「持続可能な発展」を実現していくためには、私たちが正しい方向に向かって

＊29　Bartelmus 1994.

進んでいるかどうか把握する指標を用いることが有益だ。たとえば、国内総生産（ＧＤＰ）[*30]は、各国内の経済活動の規模を示す指標として広く用いられている。政府関係者や金融政策担当者は、ＧＤＰなどの指標の水準を見定めつつ、日々、政策を実施している。それなら、「持続可能な発展」を目指して政策を実施する場合、どのような指標があるとよいだろうか。「持続可能な発展」といっても、地球全体の「持続可能な発展」が対象となっている場合と、国あるいは自治体レベルのそれを対象としている場合とでは、用いるべき指標は違ってくるだろう。

　地球全体が持続可能な発展に向かっているかどうかを検証するための指標として、たとえば、先述のＣＳＤが二〇〇〇年にミレニアム開発目標（ＭＤＧ）[*31]を提示している。類似のものとして、国連開発計画（ＵＮＤＰ）は、人間開発指数（ＨＤＩ）[*32]を用いて毎年の数値を公表している。さらに世界銀行では、世界開発指数（ＷＤＩ）[*33]を用いて世界の動向を把握している。いずれの指標も、途上国の貧困や教育、女性の社会的地位など、人間の基本的な生活にかかわる指標が中心に選ばれている。

　他方、国の指標となると、取り上げられるべき指標群は国ごとに違ってくる。たとえば先進国では、途上国と比べれば絶対貧困率も小さく、より高次レベルでの豊かさが求められる。また人口増加率などは、世界全体の指標として用いられる場合は、増加率が低い方が望ましいと評価されるが、現在の日本のように少子高齢化が問題視されている国では、必ずしもそうではない。

　政府が国レベルでの「持続可能な発展」指標を作成している国は少なくない。実際、先進国の大半は、そのような指標を開発済みである。日本は持続可能性指標を持たない数少ない先進

＊30　Gross Domestic Product.

＊31　Milennium Development Goal.

＊32　Human Development Index.

＊33　World Development Indicator.

国となっている。多くの先進国の開発した指標では、「自然資源の保全（環境）」「世代間の公平性（経済）」「世代内の公平性（社会）」の三つ、ないしは、これに「制度」を加えた四つのグループごとに、グループの中で最も代表性がある複数の指標を選び、選ばれた指標群を「持続可能性指標」と名づけている。[*34]

このような指標群の選定は、国が目先の経済的利潤にとらわれず、長期的に真に豊かな方向に向かっているかを確認する上で非常に重要な作業といえる。しかし、これらの指標群の大半は、単に、入手可能なデータの中から「持続可能な発展」の構成要素と考えられる指標を主観的に選んだものの集合体にすぎない。このような方法で作成された指標は、次にあげられる問題点を抱える。[*35]

第一は、時間軸の設定である。「持続可能」といっても、今後数百年のスケールで気象の変化を議論している気候変動と、長くて二、三年先を議論しがちな経済成長を同じ軸に並べて評価することが適切かどうか。第二として、選ばれた指標と指標の間の関係が問われる点がある。環境保全と経済成長とは無関係ではなく、相互にトレードオフの関係にあると認識されてきたということを、先に説明してきた。選ばれた複数の指標同士がトレードオフの関係にある場合、一方のプラス成長に寄与する政策は、他方のマイナス成長要因となりかねない。このような政策の評価方法が問われることになる。第三の点として、国境を越える現象の扱いがある。グローバリゼーションが進み、一つの国の活動の影響が当該国内にとどまらない。ある政府がその国にとって持続可能な政策をとったとしても、それが他国の持続可能な発展に負の影響を与えるおそれもある。

上記に示した課題を克服するために、単に複数の指標を羅列するにとどまらない、より複雑

＊34　Hák et al 2007.

＊35　田崎ら、二〇〇七。

な指標も開発されている。たとえば、環境容量に着目するエコロジカルフットプリントは、私たちの日常生活が環境に与える負荷の大きさを単純化した指標である。[*36] 我が国でも非営利団体による指標開発が進んでいる。[*37]

このように指標を用いて「持続可能な発展」を定量的に示そうとする試み自体、大変重要な作業である。「持続可能な発展」の定義を検討した後の次の課題は、いかにしてそのような人間活動を促進していくか、である。地球環境問題を対象としたさまざまな法律、条約、組織、制度、政策は、「持続可能な発展」に少しでも近づこうとする取り組みである。次の章以降、より個別の地球環境問題に焦点を移していくが、「持続可能な発展」が究極の目的であることを、念頭においておくことが重要である。

＊36　Rees et al 1998.

＊37　Japan for Sustainability 2009.

参考文献

田崎智宏・亀山康子・橋本征二・森口祐一・原沢英夫　二〇〇七「持続可能な発展の指標の策定状況と長期ビジョン・シナリオ研究における利用可能性」第三五回環境システム研究論文発表会講演集、二六九―二七六頁。

森田恒幸・川島康子　一九九三「『持続可能な発展論』の現状と課題」『三田学会雑誌』八五（四）：四―三三。

Bartelmus, P. 1994 *Environment, Growth and Development: The Concepts and Strategies of Sustainability*. London: Routledge.

Beckerman, W. 1974 *In Defense of Economic Growth*. London: Cape.

Beckerman, W. 1995 *Small is Stupid: Blowing the Whistle on the Greens*. London: Duckworth.

Caldwell, L. K. 1996 *International Environmental Policy: From the Twentieth to the Twenty-First Century*. Durham and

London: Duke University Press.

Carson, R. 1962 *Silent Spring*. New York: Houghton Mifflin.（青樹簗一訳　一九七四『沈黙の春』新潮文庫）

Ehrlich, P. 1968 *The Population Bomb*. New York: Ballantine Books.

Hák, T., Moldan, B. and Darl, A.L. 2007 *Sustainability Indicators: A Scientific Assessment*. Washington D.C.: Island Press.

Hardin, G. 1968 The Tragedy of the Commons, *Science* Vol.162, pp.561-568.

Government of the United States of America 1980 *Global 2000 Report to the President*. Washington D. C.: U. S. Government Printing Office.（逸見謙三・立花一雄監訳　一九八〇『西暦二〇〇〇年の地球一・二』家の光協会）

International Union for Conservation of Nature and Natural Resources (IUCN) 1980 *World Conservation Strategy; Living Resources Conservation for Sustainable Development*. Gland, Switzerland: IUCN.

Japan for Sustainability (JFS) 2009 ＪＦＳサステナビリティＩＮＤＥＸ（http://www.japanfs.org/ja/jfsindex/）

Miller, M. 1995 *The Third World in Global Environmental Politics*. Boulder: Lynne Rienner Publishers.

McCormick, J. 1989 *Reclaiming Paradise: The Global Environmental Movement*. Bloomingston: Indiana University Press.

Meadows, D., D. Meadows, J. Randers, and W. Behrens III 1972 *Limits to Growth*. New York: Universe Books.（大来佐武郎監訳　一九七二『成長の限界』ダイヤモンド社）

Meadows, D., D. Meadows, and J. Randers 1992 *Beyond the Limits: Confronting Global Collapse Envisioning a Sustainable Future*. Post Mills: Chelsea Green Pub. Co.（茅陽一監訳　一九九二『限界を超えて』ダイヤモンド社）

Pearce, D., A. Markandya, and E. Barbier 1989 *Blueprint for a Green Economy* (Blue Print 2 and 3). London: Earthscan.

Rees, W.E., M. Wackernagel, and P. Testemale 1998 Our Ecological Footprint: Reducing Human Impact on the Earth, New Catalyst Bioregional Series.

Simon, J., and H. Kahn 1984 *The Resourceful Earth*. New York: Basil Blackwell.
Tolba, M., K. Osama, A. El-Kholy, E. El-Hinnawi, M. H. Holdgate, D. F. McMichael, and R. E. Munn eds. 1992 *The World Environment 1972-1992: Two Decades of Challenge*. London: Chapman and Hall.
United Nations 1972 *Declaration on the Human Environment, United Nations Conference on the Human Development*. New York: United Nations.
United Nations 1992 *Rio Declaration*. New York: United Nations.（環境庁・外務省監訳　一九九三『リオ宣言』（財）海外環境協力センター）
United Nations 1992 *Agenda 21*. New York: United Nations.（環境庁・外務省監訳　一九九三『アジェンダ21——持続可能な開発のための人類の行動計画』海外環境協力センター）
Ward, B., and R. Dubos 1972 *Only One Earth*. New York: W. W. Norton.
WCED (The World Commission on Environment and Development) 1987 *Our Common Future*. New York: Oxford University Press.（大来佐武郎監訳　一九八七『地球の未来を守るために』福武書店）

ズームアップ・コラム

数字で見る地球環境

地球環境の悪化といっても、その程度を知るためには、実際に数字で見てみることが重要だろう。ここに、いくつかの例を示してみよう。

①世界人口——第二次世界大戦後、世界人口は急激に増えた。二〇〇九年で世界の人口は六七億人である。その増加速度は近年緩和されてきてはいるものの、今後数十年は引き続き増加し続けると予想されている。増加の大半は途上国で起きており、先進国での今後の増加はほとんど予想されていない。途上国における人口の急増の理由として、今までは医療技術の普及や食糧生産技術の向上などがあげられていたが、今後の増加については慣習や貧困など社会経済的な理由がより影響を及ぼしてくると考えられる（図1-1）。

②森林面積の変化——ここ一五年の間だけでも、多くの面積の森林が世界中から失われており、その傾向は今も変わらない。その内訳を見るとアフリカとラテンアメリカでの減少が著しい。アジアでも熱帯雨林の伐採が継続しているものの、中国やインドでの植林の効果が近年出始めた。森林減少の理由としては、人口増加による農地への転換、木材を製品として切り出すための伐採、森林の土壌中にある資源の発掘のための伐採、外国資本の投資による放牧地やバイオマス燃料用プランテーションへの転換、などがある。インドネシアでは、泥炭地での火災による焼失も無視できない（図1-2）。

③水不足——人口の増加と河川の汚染とが相まって、飲用水や農業用水が今後さらに不足すると予想されている。水の不足は、飲み水、食糧難といった直接の影響のほか、衛生面での悪化や、水の取り合いに端を発する紛争につながると懸念される。工業発展が進んでいる地域では、工業用に地下水をくみ上げる方を優先するため、その周辺の農業に影響を与えている。加えて、図1-3にあるように、気候変動による降水パターンの変化が、従来から乾燥している地域での水供給をより困難にしている。

参考文献
国連経済社会局人口部のホームページ（http://www.un.org/esa/population/）
Food and Agriculture Organization (FAO) 2005 *Global Forest Resources Assessment 2005*, FAO United Nations.
United Nations Environment Programme (UNEP) 2007 Chapter 4 Water, Global Environmental Outlook 4, UNEP.

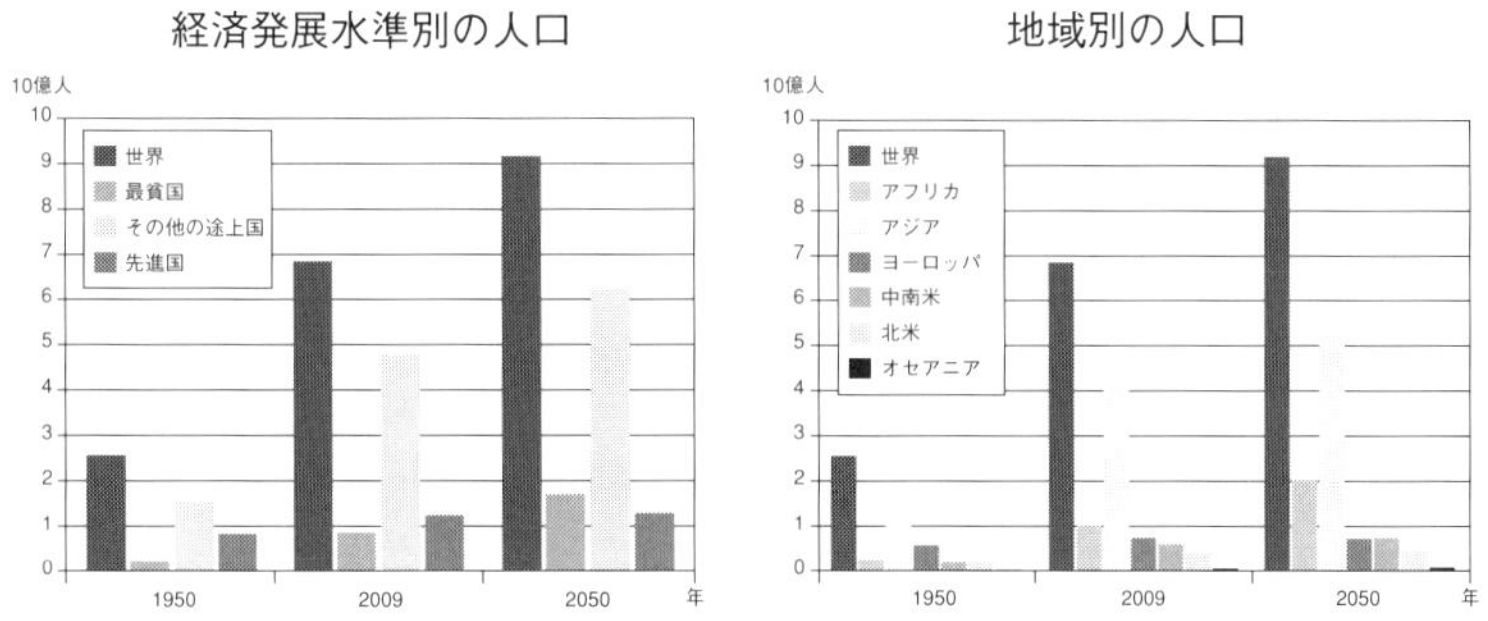

図1－1　世界人口（2009 年以降は予想）

（注）国際経済社会理事会の HP より抜粋。

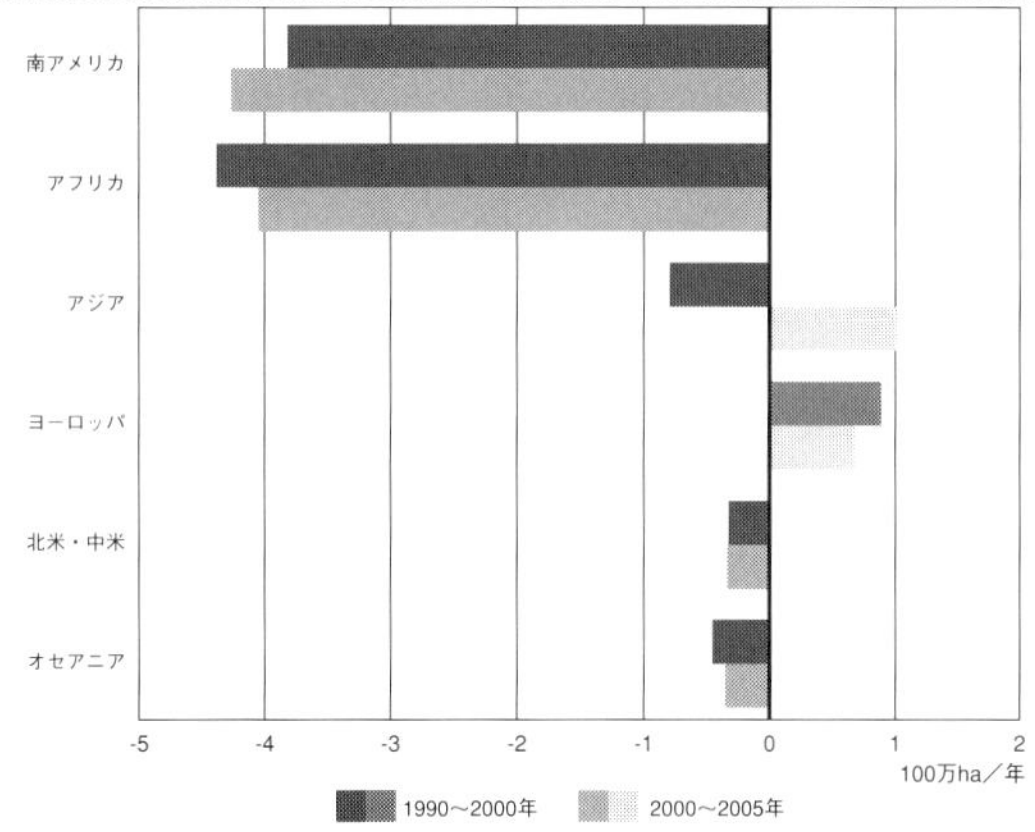

図1－2　森林面積の変化（1990 ～ 2005 年の変化率）

図1－3　世界の降水量変化（1990 ～ 2000 年）

第II部

地球環境問題への国際的取り組み

「我々の生存が生態系に依存していることは明らかでも、発展に関する意思決定のなかに生態系の許容量への配慮を組み込むのは困難だ。政府や産業で、経済発展の計測や計画の基本的前提を考え直す必要がある。」（UNDP et al 2000）

第2章 地球環境問題の全体像

「地球環境問題」とは、何か。さまざまな「地球環境問題」に関して、国際社会はいかなる対応を示してきたのか。ここでは、今までに取り上げられてきた主要な「地球環境問題」を分類し、グループごとに問題への対応の特徴をまとめる。

この章で学ぶキーワード

- ◎地球環境問題
- ◎越境環境問題
- ◎酸性雨問題
- ◎遵守
- ◎効力

1 地球環境問題の枠組み

地球環境保全に向けた国際的取り組みの歴史については、ストックホルム国連人間環境会議やUNCEDなどの節目を追うことにより把握できる。しかし、この大きなうねりの合間には、さまざまな個別かつ具体的な地球環境問題があり、これらの問題の現状と対策を知らなければ、実際に起きている現状に対して対策案を示すことはできない。世界の「持続可能な発展」をゆるがす個別の地球環境問題にはさまざまな種類があり、それぞれの特徴に応じた取り組みが実施されている。そして、そのなかには、比較的成果が見られているものもあれば、解決にほど遠いものもある。

ここでは、地球環境問題の種類やその性質をまとめるとともに、これらの問題群に対する国際社会[*1]の取り組みの具体例として代表的な条約を紹介する。そして、こうした国際社会の取り組みに関して、今まで特に国際法の分野で発展してきた理論研究を見ていく。地球環境問題を扱う国際条約はここ十数年で格段に増加しており、他の条約の経験が次の条約に反映されるような状況も見受けられる。条約として成功するための条件や、関係国が条約を遵守するための条件などに関する研究事例を紹介し、その成果や残された問題点を明らかにしていく。

＊1 「国際社会」とは、「国家を主要な構成員とし、国家以外の種々の組織を副次的な構成員とする「社会」（川田・大畠 一九九三）である。ここには、世界社会のような相互依存関係を重視した視点から、国際体系のようなシステム論的視点まで含まれるものとする。

2 地球環境問題の種類

「地球環境問題」の定義

地球環境問題[*2]とは何か。公に認められた「地球環境問題」の定義が存在するわけではない。たとえば、日本の環境白書（一九九〇）では、地球環境問題として、地球温暖化（気候変動）、オゾン層破壊、酸性雨、森林、とくに熱帯林の減少、砂漠化および土壌浸食、野生生物の種の減少、海洋および国際河川の汚染、化学物質の管理と有害廃棄物の越境移動、開発途上国における環境汚染、の九つをあげている。また、これらの問題はそれぞれ個別に独立しているのではなく、人間活動の量的拡大、質的変化を根本の原因とした、地球生態系をめぐって相互に絡み合う問題群であると指摘している。

＊2 global environmental problem.

地球環境問題ということばを「地球」「環境」「問題」に分けて考えてみよう。

地球：ある事象が一国内にとどまらないことを示唆するが、必ずしもことばどおり地球全体に広がっているケースはむしろまれである。たとえば、国際河川の上流に位置する国で有害物質が流され、それが下流に位置する国に被害を与える場合は越境環境問題[*3]といわれるが、これも広義の地球環境問題に含まれる。同様に、酸性雨のように原因物質を排出する国が近隣諸国に被害をもたらす場合は、厳密には地域環境問題[*4]であるが、地球環境問題の一部として扱われる場合が多い。さらには、砂漠化や森林減少のように、現象そのものは一国内に留まるものの、同様の現象が世界中で起きていて、対策にも国際的な協調が求められる場合には地球環境問題と呼ばれる。

環境：ある出来事を環境問題として認識するか否かは、意外にも、時代背景や国の事情による。たとえば、熱帯地域の森林減少は、先進国の環境保護団体にとっては環境問題だが、その地域に住む人々にとっては、土地問題や経済問題であったりする。気候変動（地球温暖化）も、環境問題として位置づけられるが、排出量削減が検討される場においては、エネルギー需給問題や産業・経済問題としての性質が頭をもたげる。とくにヨーロッパでは、一九八六年に起きたチェルノブイリ原発事故以来、原発問題や使用済核燃料の処理といった核の扱いに対する関心が高まり、核の安全も地球環境問題に含められることが多くなった。

問題：ある事象を「解決すべき問題」と認識するかどうかも時代や国の考え方によって違ってくる。希少な動植物の種が絶滅していく「生物多様性」のように、一般の人々に「これは大変な問題だ」と認識してもらいづらい事象であるほど、解決に向けた政策の実施に支持をとりつけるのも難しい。気候変動により気候が暖かくなることを望ましいと考える場合、気候変動

＊3　transboundary
＊4　regional

は「問題」ではなくなる。

また、人口問題や自然資源の枯渇は、それ自体を地球環境問題として含めることに異議を唱える国があるために表立っては議論されないが、少なくとも地球環境問題の間接要因となっていることは間違いない。いずれにせよ、「地球環境問題」のスコープをあらかじめ設定しておくことは、研究として問題点や問題ごとの特徴を明らかにしていく上で重要である。

地球環境問題の分類

地球環境問題は、問題としての捉え方により、さまざまな方法で分類できる。ここでは、問題の原因を生じさせている加害者（国）と、問題が生じることによって被害を受ける被害者（国）の関係の違いから、地球環境問題を分類してみる。

①　従来の国内の公害問題の場合と同様、加害国と被害国が明確に分けられる問題。地球環境問題の場合には、原因となる物質が国境を越える越境問題、あるいは、貿易などをつうじて、ある国の活動が他の国の環境に悪影響を及ぼす問題がここに分類されることになる。例として、国際河川の汚染、酸性雨や有害廃棄物の越境移動などが相当する。

②　従来の公害問題とは異なり、地球上のすべての国、あるいは複数の国が、同時に加害国でもあり被害国でもある問題。地球環境問題の場合には、地球の多数の国が原因を生み出し、その影響が地球全体に及ぶ問題となる。気候変動やオゾン層破壊などが、これに相当する。

③　現象としては従来型の国内の公害あるいは自然破壊であるが、解決のために国際的な協力が必要とされる問題。途上国における貧困や急激な経済発展から生じている環境問題が

相当する。これが「地球」環境問題として扱われるのは、経済のグローバル化が進み、環境問題が生じている国以外の国の活動がさまざまな理由でその国の問題の発生の原因となりうるからである。たとえば、途上国での自然破壊は、先進国が途上国の資源を大量輸入することが原因となっていることがある。過剰な森林伐採、生産コストを低く抑えるために排水を垂れ流す企業、などがここに含まれる。

地球環境問題の中には、複数の原因によって生じているために分類しきれないものもある。たとえば、熱帯雨林の破壊は、隣国からの大気汚染で木が枯れてしまうなら、①の分類の越境問題となる。破壊の結果としては大気中の二酸化炭素濃度の増加につながるので分類②の気候変動にも結びつく。さらには、周辺の住民が耕地面積を増やすために、あるいは、燃料として薪を集めるために森林を切り開いている場合には、③の途上国特有の問題となる。

また、日本のように周囲を海で囲まれた国は特殊で、多くの国は、国境を境に隣国と接している。一国の公害問題がすぐに隣の国に影響を与えてしまうのはむしろ当然で、①の分類にある越境環境問題がヨーロッパで先駆的に取り組まれ始めた背景には、公害の時代からすでに他の国と影響を及ぼし合ってしまい、国際問題としての環境問題が国内の公害問題の延長上であったということは見逃せない。

また、別の分類方法として、保護・保全しようとしている対象の違いによる方法が考えられる。このような分類は、保護・保全対象の違いによって採用される対策の特徴を分析する際には、便利な方法である。

①　人間以外の動植物の保護・保全を目的とするもの。クジラやイルカ、渡り鳥といった野生生物の保護、生物多様性の保全などがあげられる。このタイプの問題に対する国際社会

の典型的な対応は、保護・保全の対象となる動植物の捕獲・取引の制限や禁止、生息地の保全、個体数を確認するためのモニタリング協力、などである。

② 人類その他の生物が健康に生きていくために必要な環境の質の維持および改善を目的とするもの。とくに、人間の経済活動、とりわけ化石燃料の燃焼や生産活動の結果として生じる問題が多い。酸性雨、気候変動、廃棄物の海洋投棄などがある。このタイプの問題に対する対応は、環境汚染物質の排出の抑制・禁止、および悪影響の軽減である。

③ おもに途上国の経済発展に関連するもの。人口増加やスラムでの生活環境の悪化、砂漠化などがあげられる。このタイプの問題に対する対応は、技術移転や資金的支援が中心となっている。

今まで国際社会が取り組んできた地球環境問題を、このような分類にもとづいて整理したものが表2—1である。地球環境問題への取り組みの系譜を見てみると、①に相当する自然保護に関するものが一番古くから取り組まれていたことがわかる。自然保護が早期から取り組まれた理由としては、問題の存在に気づきやすいということがあるだろう。

パンダが中国の山で見かけられる回数が減れば、正確な数は把握できないとしても、数が減っているのではないかと容易に気づくことができるだろう。しかし、気候変動では、大気中の二酸化炭素の濃度を計測するためには、高度な技術が必要である。

また、昔は存在していなかった問題が、近年の人間活動の結果新たに生じた、ということもある。オゾン層を破壊する物質であるクロロフルオロカーボン類は、自然界には存在しない物質で、一般的に用いられるようになったのは、第二次世界大戦後である。オゾン層破壊問題がそれまで存在しなかったのは当然である。

表2－1　主要な地球環境保全関連の国際条約、議定書

（年代は採択された年）

年	自然の動植物の保護・保全に関する国際法	公害型問題への対処に関する国際法	途上国特有の問題、あるいは世界全体の資産に関する国際法
1911	北太平洋アザラシ条約		
1921		塗料への白鉛の使用に関する条約	
1933	動植物の自然状態での保護に関する条約		
1940	西半球における自然保護および野生生物保護に関する条約		
1946	国際捕鯨取締条約		
1949	アメリカ大陸間熱帯マグロ委員会の設立に関する条約 地中海における一般漁業協議会の設立に関する合意		
1950	国際鳥類保護条約		
1951	ヨーロッパ・地中海植物保護機関の設立に関する条約 国際植物保護条約		
1954		海洋油濁防止条約（1954年の油による海水の汚濁の防止のための国際条約）	
1956	東南アジア・太平洋地域の植物保護協定		
1957	北太平洋オットセイ保存暫定条約		
1958	大陸棚条約 公海における生物の捕獲および保全に関する条約 公海条約		
1959	植物の検疫および疫病からの保護のための協力に関する協定		南極条約
1961	新たな種類の植物の保護に関する国際条約	モーゼル川汚染防止のための国際委員会の定款に関する議定書	
1963		ライン川汚染防止国際委員会協定	大気圏、大気圏外、および水中での核兵器実験禁止条約 南西アジアの東側における砂漠イナゴ対処委員会の設立に関する条約
1964	海洋の開発のための国際委員会のための条約		チャド盆地の開発に関する条約
1967			宇宙条約（月その他の天体を含む宇宙空間の探査及び利用における国家活動を律する原則に関する条約） アフリカのための除草剤衛生条約
1968			自然および自然資源の保全に関するアフリカ条約
1969	東南大西洋の生物資源保全に関する条約	北海の汚染に対処する協力に関する協定 油濁民事責任条約（油による汚染損害についての民事責任に関する国際条約） 油濁公海措置条約（油による汚染を伴う事故の場合における公海上の措置に関する国際条約）	
1970	鳥類の狩猟および保護に関するベネルクス協定		北西アフリカでの砂漠イナゴに対処する委員会の設立に関する協定
1971	ラムサール条約（特に水鳥の生息地として国際的に重要な湿地に関する条約）	油濁補償基金条約（油による汚染損害の補償のための国際基金の設立に関する国際条約） ベンゼンによる被害防止条約	

1972	南極アザラシ保存条約	廃棄物その他の物の投棄による海岸汚染の防止に関する条約（ロンドン条約） 船舶および航空機からの投棄による海洋汚染防止条約	人間環境宣言 世界遺産条約（世界の文化的及び自然的遺産の保護に関する条約） セネガル川の現状に関する条約、セネガル川開発機関の設立に関する条約
1973	ワシントン条約（絶滅のおそれのある野生動植物の種の国際取引に関する条約） 北極クマ保全条約	MARPOL条約（1973年の船舶による汚染の防止のための国際条約） 公海措置条約油濁以外議定書（油以外の物質による海洋汚染の場合における公海上の措置に関する議定書）	サヘル地域のための旱魃対処国際恒久委員会の設立に関する協定
1974	バルト海地域の海洋環境の保護に関する条約	地上からの物質による海洋汚染の防止条約	
1976	南太平洋自然保全条約	地中海汚染防止条約（汚染に対する地中海の保護に関する条約） 地中海投棄規制議定書（船舶及び航空機からの投棄による地中海の汚染を防止するための議定書） ライン川塩化物汚染防止条約 ライン川化学物質汚染防止条約	
1978		MARPOL議定書（1973年の船舶による汚染の防止のための国際条約に関する1978年の議定書）	アマゾン地域協力条約
1979	ボン条約（野生の越境動物の保護に関する条約）	長距離越境大気汚染条約（LRTAP）	
1980		地中海陸上起因汚染防止議定書（陸上起因汚染からの地中海の保護に関する議定書）	南極海洋生物資源の保全に関する条約 ニジェール盆地局設立に関する条約、同盆地開発のための議定書
1982	ラムサール条約を改正するための議定書	国連海洋法条約 地中海特別保護区域に関する議定書	ナイロビ宣言 紅海およびアデン湾の環境の保全に関する地域協定
1983			国際熱帯木材協定（ITTA）
1984		LRTAP条約EMEP議定書（ヨーロッパにおける大気汚染物質の長距離移動の監視および評価に関する協力計画の長期的資金供与に関するLRTAP議定書）	
1985		オゾン層の保護のためのウィーン条約 ヘルシンキ議定書（硫黄放出量30%削減のためのLRTAP条約議定書） 南太平洋核禁止地域条約	東アフリカ地域の海洋および沿岸環境の保護、管理、開発に関する条約 自然および自然資源の保全に関するASEAN協定
1986		アスベスト使用における安全に関する条約	南太平洋地域の自然資源および環境保全に関する条約
1987		オゾン層保護に関するモントリオール議定書	
1988		ソフィア議定書（窒素酸化物またはその越境移動の規制に関するLRTAP条約議定書）	南極の鉱物資源活動の規制に関する条約
1989		モントリオール議定書のロンドン改正 有害廃棄物の国境を越える移動およびその処分の規制に関するバーゼル条約	
1990		油濁事故対策協力（OPRC）条約（1990年の油による汚染に係る準備、対策および協力に関する国際条約）	

1991		VOC排出量に関するLRTAP条約議定書	バマコ条約（アフリカへ有害廃棄物の輸入禁止、アフリカ内での越境移動の規制に関する条約） 南極の環境保護に関する議定書
1992	生物の多様性に関する条約	気候変動枠組条約 モントリオール議定書コペンハーゲン改正 バルト海の海洋環境の保護に関する条約 黒海汚染防止条約	リオ宣言、アジェンダ21 ラテンアメリカおよびカリブ地域の原住民の発展のための基金設立に関する協定
1993			南太平洋地域環境計画設立に関する協定
1994	地中海の大陸棚および海底の探索から生じる汚染防止のための議定書	オスロ議定書（硫黄放出の更なる削減に関するLRTAP条約議定書）	砂漠化対処条約（深刻な干ばつ又は砂漠化に直面する国（とくにアフリカの国）において砂漠化に対処するための国際連合条約）
1997		気候変動枠組条約に関する京都議定書	
1998		国際貿易における有害化学品及び農薬の事前通告・合意手続き条約（PIC）	
2000	バイオセーフティーに関するカルタヘナ議定書		
2001		残留性有機汚染物質（POPs）に関するストックホルム条約	
2004	船舶のバラスト水及び沈殿物の規制及び管理のための国際条約		

表2－2　地球環境問題の分類化

	一国が他国に影響を及ぼすタイプの問題	多くの国が多くの国に影響を及ぼすタイプの問題	一国（地域）内の問題
自然保護に関する問題	他国の企業・個人による自然資源の乱獲	生物多様性一般の保護	限られた範囲にしか生息しない生物（パンダ、アフリカゾウなど）の保護
人類・動植物が生存するための環境の質に関する問題	酸性雨、国際河川の汚濁	気候変動、オゾン層破壊、海洋汚染	途上国内での公害
途上国あるいは地球全体の財産に関する問題	途上国への有害物質の輸出	南極の環境保全	不適切な農業活動などによる砂漠化

さらに、環境問題全般に対する各国の基本的な認識やスタンスが、各国の歴史に影響を受けていることにも留意する必要がある。たとえば、欧米では、比較的ゆとりのある富裕層が自然保護に関心をもったことが今日の環境保全活動の原点であるが、日本や多くのアジアの国では、公害の被害に苦しんだ人々やそれを支援する団体の政府や大企業に対する運動が、現在の環境政策の源であるといえる。

3 地球環境問題への対応

さまざまな地球環境問題が発生する中で、国際社会は今までいかなる対応を実施してきたのだろうか。ここでは、先述の分類ごとに、代表的な条約をいくつか取り上げ、問題の性質にあった取り組み方について見ていく。*5

自然の動植物の保護・保全に関する問題

自然保護の動きは、国内での活動としては他の環境問題への取り組みよりも先んじて生じ、おもに欧米にて一九世紀から見られている。しかし、渡り鳥や海に住む生き物のように国境を越えて生息する生き物を保護するためには、一国内だけで対策をとっても不十分である。また、象牙やベッコウなど商取引の対象となる生物は、生物自体が国境を越えることが問題なのではなく、ある国の経済活動が、別の国内に生息する動植物に影響を及ぼすことが問題なのであるから、商取引に関連する国が協力する必要がある。さらに、特定の地域にしか生存してい

*5 西井 二〇〇五。

ない生物を保護・保全する場合、その生物が保護・保全されることによって得られる便益（薬になるなど）は世界中の人が共通に得られるものであるが、その費用（その地域を開発することができなくなることから生じる機会費用や、管理人を置くなどの実質的費用など）を負担するのは、該当する生物が生存している国である。このような状況から、動植物の保護・保全についても国際的な規則を求める動きが活性化してきた。

生物全般の保護・保全

一九七三年に採択され一九七五年に発効した「絶滅のおそれのある野生動植物の種の国際取引に関する条約（ワシントン条約）」[*6]は、野生生物を取引の制限という観点から保護しようとする条約である。本条約には、保護の緊急性の度合いに応じた附属書が三つ付いている。附属書Ⅰには、絶滅の危機に瀕しているために取引を禁止すべき種のリストが掲示されている。これに対し、附属書Ⅱは、将来絶滅するおそれが高いとされる種、附属書Ⅲは、各国で保全政策がとられており、他国もそれに協力すべきとされる種のリストとなっている。二〇〇〇年現在、附属書Ⅰには八九〇種、附属書Ⅱには二万九一一一種、附属書Ⅲには二四一種が登録されている。本条約のその後の交渉では、どの種をどの附属書に含めるかという点が主な検討課題となっている。

取引の制限が必ずしも保全につながらないことが、同条約の悩みのひとつである。取引が禁止されてしまうと、貨幣価値がなくなってしまうため、捕獲数はたしかに減るかもしれないが、とくに途上国では積極的に保護し数を増やしていこうとするインセンティブがなくなる。アフリカにおける象牙がその典型的な例となっている。また、合法的な取引を禁止すると、密

＊6　Convention on International Trade in Endangered Species of Wild Fauna and Flora.

猟における闇取引での価格が高騰するために、密猟者にとって格好の利益となるという問題もはらんでいる。象牙を取るために乱獲されたアフリカゾウの取り扱いに関して、国の主張は、アフリカゾウの個体数という科学的知見・専門家の勧告とは必ずしも一致せず、自国の利己的な利益に影響を受けた。[*7] 最近では、大西洋・地中海産クロマグロの国際取引禁止案が議論されているが、ここでもアフリカゾウの件と同様、国内の関連業界の有無などが国の態度に決定的な影響を及ぼしている。

ワシントン条約がもっぱら野生生物の取引を扱っているのに対して、一九九二年に採択され一九九三年に発効した「生物多様性条約」[*8]は、動植物の種としての保全よりは、むしろ生態系そのものの保全、そして生物の遺伝子に関してその多様性の維持と安全かつ公正な利用を目的としている。世界で最も多様性に富んでいる地域は、熱帯地域の途上国にある。そこで採れる種の遺伝子の中には、将来人間の治療に役立つものがあるかもしれない。このような貴重な遺伝子を世界の資産として残そうというのがねらいである。しかし、利用価値のある遺伝子が発見された場合の利益配分が原産国と利用国との間で問題となる。本条約の国際的動向に関しては、次の章で改めて取り上げる。

特定の生物保全

捕鯨については、一九四六年に採択された「国際捕鯨条約」[*9]のための機関として設立された国際捕鯨委員会（ＩＷＣ）[*10]で話し合いが続いている。一九八二年には、捕鯨のモラトリアムが採択された。しかし、アメリカやフランスなどのヨーロッパ諸国が捕鯨の全面禁止を主張しているのに対して、日本やノルウェー、アイスランドなど捕鯨が産業として存在している国は、

＊7　阪口　二〇〇六。

＊8　Convention on Biological Diversity.

＊9　International Convention for the Regulation of Whaling.

＊10　International Whaling Commission.

クジラの種によっては十分な数が生息しているという科学的知見を根拠に捕鯨の許可を訴えている。

水鳥の保護のために、一九七一年にイランのラムサールで採択されたのが「特に水鳥の生息地として国際的に重要な湿地に関する条約（ラムサール条約）」である。この条約では、締約国は、水鳥の生息地である湿地を最低一カ所登録し、国内法によってその湿地を保全する。当時、自然の保護の手段としては、人間が足を踏み入れないようにする「保護（preserve）」が多かったのに対して、ラムサール条約では、湿地の「適正な利用（wise use）」を認めており、新たな自然と人間の共存の方法を示した例といえる。

生物の保全は、海洋に棲む生き物についても及ぶ。とくに、魚類など食料の目的で捕獲される生物については、関係各国間で協定が結ばれていることが多い。

森林保全関連

森林保全に関連したものとしては、一九八三年に採択された「国際熱帯木材協定（ＩＴＴＡ）」[*11]がある。この協定は、環境保全というよりは、熱帯地域の木材生産のあり方が関心の中心であり、同地域で急速な森林減少が問題とされ始めた時期に森林破壊を食い止めるためにできたものである。この協定は一九九四年に大幅に改定され、そこでは、二〇〇〇年までに、生産国の熱帯木材の輸出を、おもに持続可能な形態で経営されている森林からのものに限定するという目標を達成するために、生産国を支援することが目的として提示された。その後、持続可能な森林経営のためのガイドラインを採択し、プロジェクトを実施している。

ＩＴＴＡでは熱帯雨林だけを対象としているが、熱帯雨林を保有する途上国から「先進国に

*11 International Timber Trade Agreement.

も森林があり、その保護について話し合わないのは不公平である」という意見が出され、温帯地域の森林もすべて含めた条約の制定に向けた動きが一九九二年のUNCEDを目標として見られたが、条約の採択にはいたらなかった。その代わりに、UNCEDでは森林原則声明が採択され、さらに、一九九五年第三回CSDにおいて、CSDの下に、森林全般の保全に関して議論するための場として「森林に関する政府間パネル（IPF）[*12]」が設置された。同パネルは、一九九七年春の第五回CSDにてその結果を報告し一旦役割を終えたが、その直後のUNGASSで「森林に関する政府間フォーラム（IFF）[*13]」と名称を変え、森林条約といった国際的取り決めの可能性の検討に向けた行動に移った。

二〇〇〇年に開催された第四回最終IFFでは、新たに国連の下に「国連森林フォーラム（UNFF）[*14]」を設立して関係機関、各国の取り組みの促進・調整を行い、五年以内に森林に関する法的拘束力を有する文書（条約など）の作成について検討することなどの決定が承認された。二〇〇七年に開催された第七回会合（UNFF7）では、「すべてのタイプの森林に関する法的拘束力を持たない文書」が採択され、実質的な保全活動に向けた取り組みの方向性に関する議論がようやく一区切りついた。その後、資金供与メカニズムなどについて協議が継続している。

＊12 Intergovernmental Panel on Forests.

＊13 Intergovernmental Forum on Forests.

＊14 United Nations Forum on Forests.

環境の質の維持

大気汚染や水質汚濁といった環境の質の問題は、どの先進国でも国内の公害問題のひとつとして取り組まれてきた問題である。しかし、人間の経済活動の規模が大きくなるにつれ、汚染の範囲も拡大した。ひとつの国が対策を怠ると、他の国にも被害が生じるようになったのである。また、気候変動問題における二酸化炭素のように、国内では汚染物質とはならなくても地球規模で問題となる場合も見られるようになった。

たとえばオゾン層破壊問題は、原因物質であるフロン[*15]の製造および使用の禁止が世界中で求められる。成層圏オゾンの減少が指摘されるようになったのは一九七〇年代の後半からである。この時期には、フロンの使用とオゾン層破壊との関連性が科学的に十分証明しきれず、一九八五年に採択された「オゾン層の保護のためのウィーン条約」では、オゾン層破壊という問題が生じていることに関して共通認識を持ち、今後、観測や知見の集積のために協力していくというだけの内容にとどまっていた。

ところが条約採択直後に、イギリスの科学者ファーマンは、南極上の成層圏オゾン量が春季で従来より五〇％ほど減っていると報告した。この極度のオゾン層減少につけられた「オゾンホール」という名称は、世論の関心を高めた。そして一九八七年には、フロン生産及び消費に制限を加えるモントリオール議定書が採択された。その後、代替フロンへの転換が予想以上に早く進み、議定書の改正が複数回行われている。

他に大気汚染に関連した地球環境問題としては、酸性雨や気候変動があげられ、それぞれについて国際的取り決めが存在している。これについては、交渉過程も含めて次章でくわしく見ていくことにする。

水質管理

水質に関する問題は、河川と海洋に分けられる。河川は、該当する河川が関係する国だけが当事国であるため、国の数が限定され、比較的早いうちから国家間の協議が見られていた。ヨ

＊15　Chlorofluorocarbons, CFCs。日本では「フロン」という名称が知られているが、製品名であり、正式には、クロロフルオロカーボン。炭素水素の水素を塩素やフッ素で置換した化合物の総称をフルオロカーボンと呼び、その中で水素を含まないものがＣＦＣｓである。水素を含むＨＣＦＣやＨＦＣは「代替フロン」と呼ばれている。

ーロッパではライン川の水質汚濁が以前から指摘されており、一九五〇年には汚染防止を目的として関係国が協力し合う旨の合意があり、一九六三年には「ライン川汚染防止国際委員会協定」[*16]が結ばれた。しかし、この協定では、委員会の設置が主要な目的であったこともあり、水質の改善はみられなかった。そのため、一九七六年に「ライン川塩化物汚染防止条約」[*17]および「ライン川化学汚染防止条約」[*18]が採択され、水質改善に向けて必要な対策に関わる数値目標が合意された。このように、国際河川は、それぞれ独自に条約が締結される場合が多いが、ある地域におけるすべての国際河川を対象としたものもある。一九九二年に採択された「ヘルシンキ条約（越境水路および国際湖沼の保護および利用に関する条約）」は、ヨーロッパ地域のすべての国際河川および湖沼の持続可能な利用を目的として、個々の条約に共通する基本概念を謳った条約である。

一方海洋汚染には、原油の流出によるものや、その他の廃棄物投棄によるものがあげられる。前者については、一九五四年に採択された「一九五四年の油による海水の汚濁の防止のための国際条約（海洋油濁防止条約、ＯＩＬＰＯＬ）」[*19]が初めての国際条約である。これは、その後、「一九七三年の船舶による汚染の防止のための国際条約（ＭＡＲＰＯＬ）」[*20]および「一九七三年の船舶による汚染の防止のための国際条約に関する一九七八年の議定書（ＭＡＲＰＯＬ73／78）」にとって代わられた。海洋への原油流出は、タンカー座礁などの過失によるものばかりではなく、意図的なものもあった。つまり、原油を運び終わった船舶が帰途、船体を安定化させるために空のタンクに海水を入れてもどる（この海水はバラスト水と呼ばれる）。また原油を積む前にこの海水を海に流し、タンクの内側を洗浄するのだが、その際、タンクの内側にこびりついた原油も一緒に流し出してしまうことになる。これを規制しようとするのが目的であ

＊16 Agreement between the Federal Republic of Germany, the French Republic, the Grand Duchy of Luxembourg, the Kingdom of the Netherlands and the Swiss Confederation Concerning the International Commission for the Protection of the Rhine against Pollution.

＊17 Convention for the Protection of the Rhine against Pollution by Chlorides

＊18 Convention for the Protection of the Rhine against Chemical Pollution.

＊19 International Convention for the Prevention of Pollution of the Sea by Oil.

＊20 International Convention for the Prevention of Pollution from Ships.

る。そのために、洗浄の地域指定や船舶からの油、有害液体物質および廃棄物の排出量の規制、そして、船舶の構造・設備などについての規制が定められている。

これに対し、一九九〇年の「油による汚染に係る準備、対応及び協力に関する国際条約（OPRC）[21]」は、一九八九年のアメリカ・アラスカ沖で石油会社エクソンのバルディーズ号が座礁し三万トンの原油が流出し、近辺の海岸やそこに生息する動植物に著しい被害を及ぼしたことがきっかけとなってできた。ここでは、汚染行為そのものの禁止ではなく、汚染が生じてしまった場合の対応や協力について準備しておくことを条約の目的としている。

また、バラスト水自体も、取水した海域に生息する微小な生物を含むため、これを別の海域で排水することにより、世界各地で外来種の海藻や魚介類が繁殖するなど生態系の撹乱が目立つようになった。そこで、国際海事機関（IMO）では、二〇〇四年に「船舶のバラスト水及び沈殿物の規制及び管理のための国際条約」を採択したが、二〇一〇年現在、未発効である。

他方、廃棄物の投棄による海洋汚染に関しては、一九七二年に採択された「廃棄物その他の物の投棄による海洋汚染の防止に関する条約（ロンドン条約）[22]」が一九七二年に採択された。ここでは、主として陸上で発生した廃棄物の船舶などからの海洋投棄を規制している。

その他、一部の海域に関しては、やはりヨーロッパ周辺が最も早くから国家間で議論が始まっている。地中海においては、一九七六年に「地中海汚染防止条約[23]」が採択され、その後もより個別の課題について議定書が採択されている。他方、アジア地域では、日本海、黄海を対象海域とする「北西太平洋地域海行動計画（NOWPAP）[24]」が、日本、韓国、中国、ロシアの四カ国の間で一九九四年に採択され、毎年会合を開催している。二〇〇五年には、事務局機能を担う地域調整部（RCU[25]。所在：富山及び釜山）が正式稼働を開始、取組みが進められている。

＊21 International Convention on Oil Pollution Preparedness, Response and Co-operation.

＊22 Convention on the Prevention of Marine Pollution by Dumping of Wastes and Other Matters.

＊23 Convention for the Protection of the Mediterranean Sea Against Pollution.

＊24 NOrthWest Pacific Action Plan.

＊25 Regional Coordination Unit.

おもに途上国の問題であるが、国際的取り組みが求められている問題

多くの途上国では、経済発展が優先課題となっているため、環境問題への取り組みが遅れがちであるが、近年では、環境破壊が経済発展や人々の暮らしを蝕むほど悪化してしまっているために、環境問題に対しても対応が必要との認識が広まっている。ただし、国ごとに最も深刻と考えられている問題が異なるために、途上国全体で協力し合う体制を作りにくいのが現状である。その結果、共通の問題を重視している一部の途上国がグループを組み、先進国に対して支援を要求するという構図が見られている。

砂漠化

砂漠化は、旱魃など自然の天候の原因によっても生じるが、過度の耕作や放牧、薪として利用するための木材の採取など人間による過激な利用によっても生じる。また、一九八〇年代のいわゆる「緑の革命」で見られたような地下水と肥料を大量に用いる農業手法を進めた結果として、地表に塩分が集積するなど、土地の劣化という問題も見受けられる。

砂漠化が国際問題として取り上げられ始めたのは、一九六〇年代のアフリカ、サヘル地帯の旱魃にまでさかのぼる。その後、UNEPが音頭をとり、一九七七年には国連砂漠化会議が開催された。そこでは、「砂漠化に対処するための行動計画（PACD）」[*26]が採択されたが、この行動計画はほとんど実質的な効果を及ぼすものではなかった。他の地球環境問題と比べて、砂漠化問題は経済活動との関連性に乏しく、また、多くが途上国で生じていたために先進国の関心が低く、とくに欧米からは、国際条約の必要性はないと考えられていた。そのため、一九九

*26 Plan of Action to Combat Desertification.

二年のＵＮＣＥＤでは、改めて砂漠化が途上国にとって重要な問題であり、対応が急務であるということが途上国側から主張され、アジェンダ21の中に採用された。

これがきっかけとなり、一九九三年からは条約交渉が開始され、一九九四年には「国連砂漠化対処条約（ＵＮＣＣＤ）[*27]」及びその地域実施附属書が採択された。また、条約が発効するまでの期間における暫定的な取り決めに関する決議とアフリカ緊急行動決議も採択された。しかし、この条約は、先進国の関心の低さが影響し、行動計画の策定や科学的・技術的協力、教育など、砂漠化への対処としてはきわめて限定的な規定しか盛り込まれなかった。途上国側が最も強く求めていた新規の基金は設立されず、既存の資金を有効活用していく方法を検討する「地球機構（Global Mechanism）」を設置することになった。また、途上国の中でも、貧困や人口問題の解決など社会経済的観点も含めて幅広く規定を盛り込みたがったアフリカ諸国と、社会経済的な活動には自主性を残すことを希望したアジアやラテンアメリカ諸国との間で意見が合わず、途上国としての足並みがそろわなかった。

同条約は一九九六年に発効したが、前途多難の出だしとなった。第一回締約国会議（ＣＯＰ１）が一九九七年にローマで開催された。ここでは、地球機構の活動が検討され、受入機関などが決まったが、その後も必要な資金が供給されず、十分な活動実施にはいたっていない。

同条約では初期の頃は毎年、近年では二年に一度の頻度で締約国会議を開催しているが、肝心の国家行動計画を策定した国の数も十分ではなく、進展は決して順調とはいえない。

有害廃棄物の途上国への輸出

おもに先進国から途上国への有害廃棄物の輸出を禁止する条約として「有害廃棄物の国境を

＊27　United Nations Convention to Combat Desertification in Those Countries Experiencing Serious Drought and/or Desertification, Particularly in Africa.

越える移動及びその処分の規制に関するバーゼル条約[28]」がある。この条約のきっかけとなったのは、一九八〇年代に起きたいくつかの事件であった。一九八二年のセベソ事件では、その六年前にイタリアのセベソで起きた農薬工場の爆発事故によってダイオキシンで汚染された土壌を詰めたドラム缶が北フランスに無断で捨てられていたことが問題となった。また、一九八八年にナイジェリアのココにイタリアからの有害廃棄物が捨てられた事件（ココ事件）では、ナイジェリア政府の人間とイタリアの企業家との間で違法な合意があったことが判明した。

このような事件が多発したために、UNEPは、この問題についても条約を定めるべきであるとして行動を起こした。一九八七年には、有害廃棄物の環境保全型管理のためのカイロガイドラインおよび原則が採択されたが、これはあくまでガイドラインであり、国を拘束するものではなかった。そのため、とくにスイスがイニシアチブをとり、国際法の設立に向けて交渉を開始した。その結果が、一九八九年に採択された「バーゼル条約」である。

しかし、この条約では、有害廃棄物の途上国への輸出が禁止されているわけではなく、単に、移動しているという情報が公開され管理されるにすぎなかった。そのため、同条約が採択された後も、地域ごとにより強い措置を認める条約が求められるようになった。一九九一年に採択された「バマコ条約[29]」は、アフリカ地域への有害廃棄物の輸出を禁止している。一九九二年には、ラテンアメリカ諸国の間でも同様の合意が採択された。このような地域の動きを受け、一九九四年に開催された第二回締約国会議で、バーゼル条約においても、OECD諸国から非OECD諸国への有害廃棄物の輸送が禁止されるという決議が採択された。

この条約の最大の争点の一つは「有害廃棄物」の定義である。何が「有害」な「廃棄物」であるかは、その時々の判断によって異なる。たとえば、ある国の古紙やペットボトルや鉄スク

＊28　Basel Convention on the Control of Transboundary Movements of Hazardous Wastes and their Disposal.

＊29　African Convention on the Ban on Imports of All Forms of Hazardous Wastes into Africa and the Control of Transboundary Movements of Such Wastes Generated in Africa.

ラップが別の国では貴重な資源として扱われる場合もある。リサイクルや再利用を目的とした越境移動まで禁止することは、本条約の目的からはずれる。他方、リサイクルを装って、本当に有害な廃棄物を他国に廃棄するような行動は制約を加える必要がある。この点に関して、技術的な検討を続け、ある程度の効果を上げてきているといえる。

4　条約・議定書の効力

今まで見てきたような条約や議定書は、それが採択されただけでは、環境問題の現実は何も変わらない。あくまで、それを支持し、規定された義務を遵守しようとする国が多数存在して初めて効力を発揮するものである。したがって、国際法を評価するためには、効力（effectiveness）を測ることが重要となる。環境保全効力があると評価される国際法は成功であり、その下での活動を維持・促進すればよいことになる。逆に、効力が不十分と判断された国際法は、改正や新たな法的文書の策定などの追加的な手続きが必要となる。ただし、国際法の効力の計測は簡単ではなく、手法ごとに長所短所がある。

国際法の効力の計測

地球環境関連の国際法の効力を測る方法としては、いくつか異なったアプローチがある。

①　環境の改善度に注目する方法。たとえば、生物多様性が喪失される問題に対応するために生物多様性条約が存在するのであれば、生物種の絶滅する数を経年的に測定し、絶滅す

る数が減っていることが実証されれば効力があったことになり、減らなければ効力がない、ということになる。

② 締約国の遵守（compliance）の度合いに注目する方法。国内法と国際法の違いとして、国内法であれば、国民はその法律に従うのが前提となるが、国際法の場合は、守らなくても罰則が加えられるわけではない場合が多いという特徴がある。とくに地球環境関連の国際法は、締約国の遵守しようとする自主的な意思に依存している場合が多い。そこで、国際法に規定されている義務を遵守した締約国が多いほど、効力があると判断される。

環境関連の国際法を制定する最終的な目的が環境問題の解決であることを考えれば、右記の②の基準である各国の遵守が満たされても、①の基準である対象となっている環境問題がまったく改善されなければ効力は乏しいといえるだろう。このようなケースは、どの国も簡単に遵守できるような義務規定にしか合意できなかったような場合によく見られる。反対に、ある国際法が遵守されずに②の基準が満たされなかったにも関わらず問題が別の理由によって解決してしまった場合には、そもそもの国際法の存在意義が薄かったことになり、やはり国際法として高い評価は与えられないことになる。そのような弱点を補完するために、第三の方法があげられる。

③ 国の行動の変化に注目する方法。これは、右記の①と②の中間に位置する考え方ともいえるが、国際法が存在しなかったときと比べて、国の行動がより環境保全にとってよりよい方向に変わっていったならば、その国際法は効力があったといえる、という考え方である。このアプローチは理解しやすいものの、ある国で行動の変化があったときに、それが国際法によるものなのか、それとも国際法とはまったく関係のないその他の理由で変化し

たのかの区別は困難であり、実際にケーススタディーなどで③の意味での効力を計測する方法が見つからないという弱点がある。

さらには、判断が最も簡単な基準として、

④　締約国の数。締約国の数が多いほど、国際法が支持されていることになる。ただし、関係のない国が参加する必要はないので、より正確には、当該環境問題に関わる国のなかでの締約国数の割合、とすべきだろう。締約国の数は容易に調べることができるので、簡単でわかりやすい方法ではあるが、そこでもいくつかの問題点を含んでいる。

第一には、加盟の動機が必ずしも当該国際法を支持していることによらないことがあることである。たとえば、気候変動枠組条約において、サウジアラビアやクウェートは、国際的な気候変動対策の進展を阻止するために締約国となり締約国会議に参加しているともいえるような発言を繰り返している。国際捕鯨条約における日本やノルウェーは、クジラの保護が目的というよりは捕鯨を承認してもらうことを期待している締約国である。

単純な締約国数の分析が不適切である第二の点は、国の影響力がすべて同一ではないことである。たとえば、途上国の小国が参加するのと、アメリカや中国が参加するのとでは、ひとつの国が与える影響力に違いがある。多数の小国が締約国となっていても主要先進国が支持していない場合には、国際法が機能しない場合が多い。また、当該問題の原因を生じさせている国が締約国となっていなくても同様である。

ここで掲げた①から④までの評価法は、相互に補完し合っている。義務規定が緩いほど、その国際法は遵守されやすいが、その反面、環境保全への道は遠くなる。地球環境保全のためには、国際法は厳しければ厳しいほどよいと思われがちである。しかし、厳しすぎると、どの国も守ることができないと考えるため、批准できず、いつまでたっても条約が発効しないという状況に陥るおそれがある。問題の原因となっている国が締約国とならず被害国だけが締約国になったとしても同様である。あるいは、締約国となったとしても、どの国も条約に定められた義務を守らずに過ごしてしまうというケースも考えられる。

重要なのは、当該環境問題にとって主要なプレーヤーが、条約に参加し義務を守っているということである。しかし、逆に、すべての国に支持される国際法を作ろうと思うと、厳しい義務を盛り込むことができず、ほとんど問題解決にいたらない内容の国際法になってしまう。このようなことから、環境関連の国際法の効力を評価する際には、関係国の遵守状況と、当該国際法の義務の厳しさとのバランスに重点がおかれることになる。なるべく多くの関係国が参加し、同時にある程度、環境保全の目的にかなう変化が見られるようになる内容、というさじ加減が関心事となる。そのような点について研究するためには、まず、複数の環境条約の状況を比較してみるのが先決である。

環境条約の効力に関する研究

環境関連の条約や議定書の効力に関しては、国際法や国際政治の専門家によって研究が進められている。

レヴィーら[*30]はオゾン層破壊、バルト海および北海汚染、酸性雨、海洋の油汚濁、漁業、殺虫剤取引、人口増加、の問題に関する国際法を横断的に比較分析し、国際制度が成立したことによる効力として、以下の三つをあげている。

第一は、政府の関心の増加である。そもそも国内であまり大きく取り上げられていなかった

*30 Levy et al 1993.

問題であっても、国際法が作成されることによって、政府は対応を迫られる。また、国際法ができる過程において、同問題に関する科学的知見が蓄積される。また、同問題がマスコミに取り上げられれば、世論が関心を持ち、世論をつうじて政府が関心を高める場合もある。

第二には、対策を協力して実施するため、各国がばらばらにやるよりも費用が少なくてすむということである。モニタリングは、関係国すべてが参加しなければ現象の全体像が把握できない。対策についても、関係国の参加がなければ、リーケージ（規制の厳しい国から緩い国へ産業が移転してしまい、地球全体で見れば対策の効果がなくなってしまう問題）が発生するおそれがある。

第三には、政府の対応能力を高める機能がある。途上国に対する資金あるいは技術の移転制度の設立、情報提供、会合の定期的開催、などは、各国がより容易に問題に対処していく能力を増強するものとなる。

また、サスカインド[*31]は、効力の意味にはさほど踏み込むことなく、環境保全に向けた国際協調を推進するための方法を、地球環境問題をめぐる外交という視点から提示している。そこでは、不確実性の残っている科学の取り扱い方、他の問題との関連性をうまく使うこと、そしてモニタリングの重要性が、重要な要素としてあげられた。

さらに、ワイス[*32]は、世界遺産条約、野生生物の貿易に関する条約、ロンドン海洋投棄条約、熱帯木材協定、オゾン層保護のためのモントリオール議定書の五つを例にとり、さまざまな比較を試みている。そこでは、国際法の効力を測る上で、次のような指標を取り入れている。

①　締約国数　締約国が多いほど、その国際法は多くの国に支持されていることになり、問題解決に近づくことになると仮定して分析している。ただし、対象となる環境問題が一部

*31　Susskind 1994.

*32　Weiss 1998.

の地域に限定される問題の場合は、当然、締約国数もこの問題に関連のある国に限定されるので一概に比較はできない。問題に関連する国数に占める締約国数という意味では、ここで取り上げた五つの国際法はいずれも十分な数の国が参加しているといえる。

② 国際法の全般的性質　事務局のおかれた場所（UNEPなど国連機関の下におかれる場合が多く、その場合は、公用語の数や人選における地理的配分など国連の規則に拘束される）、年間予算、途上国など一部の国への特別措置の有無、モニタリングの規定の有無、トレーニングの規定の有無、科学的側面を議論するグループの設立の有無、など。問題ごとにこれらの重要性が違ってくることはあるが、モニタリングや途上国への支援措置などがあることが条約を確実なものにするといえる。

③ 国際法に定められた加盟国の義務　国内での保全措置、国外での保全措置、非加盟国との特定物質（あるいは動植物）の貿易禁止、貿易の許認可制、事務局への報告、基金への出資、など。必ずしも義務が厳しければよいということではなく、問題解決に必要な措置と現状とを比較して議論すべきだろう。たしかに、あまりにも緩すぎる規定では、現状を少しも変えることにはならない。しかし、厳しすぎる場合には、加盟国の数が増えない、あるいは加盟しても遵守されないという状況が発生する。少しずつでもよい方向に変えていくちょうどよい厳しさ、というのが国際法に求められることになる。その中で、事務局への報告義務は、ここで取り上げた五つのすべての条約に含まれている。報告義務だけでは緩すぎることになるものの、各国が自国の状況を把握し、公表することによって、遵守できていない場合には国際世論から批判される、というメカニズムを重視したものであり、環境関連に限らず、すべての国際法の持つ特徴（守らなくても罰せられない）を乗り越

えようとする工夫でもある。

このように、国際法の効力は、環境質の改善のみならず、環境質の改善に必要となる各国の対応をより容易にする効力なども重要な判断基準となりうる。対応が容易になればなるほど、さらに高い目標に合意できるようになる。[*33] 国際法の効力と国際法そのものの規定の改訂は、関係国の問題に対する対応能力の増強と並行して、常にダイナミックに変化しているのである。

*33　Sands 1993; Bernauer 1995.

5　遵守関連規定

国家が国際法を遵守するためには……

地球環境関連の国際法中の規定において、義務規定ではなくとりわけ遵守の規定に注目した研究がさかんになってきている。その背景には、地球環境レジームの形成過程（第三章参照）に着目した研究の流行が一段落し、形成されたレジームの効果が、この分野の研究者の間での新たな関心事となってきた、という事情がある。

国際法の国家による遵守そのものを研究の対象として取り上げたチェースら[*34]は、そもそも国家がなぜ国際法を遵守しようとするのかという、単純だが、合理的な意思決定を前提とする従来の現実主義的な捉え方では説明しにくい問題を提起している。そして、安全保障や地球環境問題に関わる条約を取り上げ、遵守規定とそれに対する国家の対応を例示した。その結果、国家が遵守できない事例の多くは故意によるものではなく、遵守のために必要な能力不足によるとした上で、不遵守の場合に厳しい罰則をもうけておくよりは、支援措置など遵守するための

*34　Chayes and Chayes 1993.

能力を増強するための制度を整備していくことが今後は重要であるとした。この考え方は、とくに世界全体で取り組んでいかなければならない地球環境問題関連の国際法に関して、最も支持されやすい考え方となった。

また、海洋の油濁問題に関する条約であるOILPOLおよびMARPOLの効果を分析したミッチェル[*35]は、遵守が達成されない場合を、その原因に応じて三つの種類に分けている。

① 故意の不遵守　規定された義務が国の利益とならないために意図的に遵守しない場合。そもそも、国の利益とならなければ締約国とはならないだろうと思われるかもしれない。しかし、実際には、政治的によいイメージを保つために最初から遵守するつもりもなく支持したり、他国からの圧力に屈して締約国になってしまうケース、あるいは、ゲーム理論でいうフリーライダーのように、他の国に遵守させて自国だけは抜け駆けしようと考えていたりする場合がある（第三章参照）。このような場合には、国際法の締約国になってはいるものの、遵守するつもりはない。

また、締約国になった当初は本気で遵守しようとしていたとしても、その後、他の国が遵守しないので、自分だけが遵守しても意味がないと考える場合や、国内でもっと優先すべき緊急課題があがることもある。

② 遵守に必要な能力不足　たとえ、ある国が本気で遵守したいと思っていたとしても、遵守に必要な政策を実施する能力が不足しているために遵守できない場合がある。たとえば、とくに途上国では、十分な資金や技術を保有していないケースがあげられる。資金がなければ、遵守に必要な政策を実施することもできない。技術がなければ、対策の影響が数段大きくなる。たとえば、オゾン層保護を考えた場合、代替フロン（CFC）技術があ

*35　Mitchell 1994.

ればそれに切り替えるだけで済むが、それがなければ、冷蔵庫や冷房などＣＦＣ類を用いる商品が使えなくなるという選択肢しかなくなってしまう。

情報網の欠如も、ここに含まれる。国内での遵守の進捗状況を政府が把握できなければ、政策の打ちようもない。自分の国からどれほどの二酸化炭素が出ているのか、あるいは、どれほど森林が破壊されているのか、工場が新たな基準をどれほど達成しているのか、といったデータが逐次集められる体制ができていない国では、遵守しているかどうかを知ること自体困難である。

③　失敗による不遵守　遵守しようとする意欲はあり、それに必要な能力が備わっていても、意図した結果にいたらないことがある。たとえば、二酸化炭素排出量を減らすことを目的に炭素税を導入したとする。しかし、予想以上に経済活動が活発になると、結果として目標としていたほど排出量が削減されない可能性がある。あるいは、予想以上に冬が寒く暖房用エネルギー消費量が増えた、という状況も考えられる。

このように、遵守できなかった場合の理由が複数存在するということは、遵守を促進するために必要な対処方法も複数存在するということである。①の、故意の不遵守を防ぐ最も簡単な方法は、守らなかったときの罰則を厳しくすることである。経済制裁や罰金の徴収などが考えられる。しかし、実際には、地球環境問題に関連した国際法で、このように厳しい罰則を定めているものはほとんどない。それは、先述のように、厳しくしすぎて参加する国の数を減らすよりは、緩くてもいいのでまずは参加する国の数を増やそうという意志が、とくに地球環境のような問題に関する国際法では働きやすいからである。また、③のように、努力しても何らかの拍子で不遵守になってしまう場合がどの国にも想定されることを考えれば、あまり厳しすぎる罰則規定を望む国は少ないことは明らかである。

そのため、罰則といっても、投票する権利の喪失や、その他当該国際法で規定された国の権利の一部剥奪などが現実的な対応となっている。

その他によく用いられるのは、情報公開による世論の圧力である。ある国が遵守できないということを公にすると、環境保護団体などが非難する。その非難を完全に無視できる国には効果はないが、通常、このような批判は国のイメージ悪化につながるため、政府は批判される立場をできるだけ避けたいと考える。このように、ソフトなコストを不遵守国にかけるような制度を作ることが、実際に多くの国際環境法で実施されている。[*36]

また、②のように、遵守したくても能力がない国に対しては、不遵守措置よりも遵守促進措置が効果的である。たとえば、途上国に対する技術移転、資金的支援、教育・訓練や、情報供給、などがあげられる。ここで問題となるのは、当然のことながら、誰がそのような支援を供給するのかということである。資金供給は、環境関係以外でも、さまざまなルートをつうじて実施されている。先進国にとっても、途上国への資金が無尽蔵にあるわけではなく、新しい環境関連の法律が制定されるたびに資金を出しているわけにもいかない。また、「技術」は多くの場合、政府ではなく民間の企業が所有しているものであり、その技術が実現するまでに、企業の資金が研究・開発につぎ込まれている。それを政府が勝手に途上国に無料で移転することも困難である。

地球環境ファシリティー（GEF[*37]、第五章参照）は、国際法ごとにばらばらな資金供給制度を作るような非効率な状況を避ける手段とみなされる。しかし、途上国は、このようにルートが一本化されてしまうと、全体として支援総額が減ってしまうことをおそれ、反発しがちであ

＊36 Werksman and Roderick 1996.

＊37 Global Environmental Facility.

る。今後は、支援のルートの数のみならず、効果的な資金の用途について議論を深めていく必要があるとされている。

遵守措置の具体例①——モントリオール議定書

このような問題が存在するなか、不遵守措置に関する画期的な規定として知られているのが、オゾン層保護のためのモントリオール議定書の下に定められた不遵守手続きである。モントリオール議定書の不遵守規定では、自国あるいは他国が議定書の義務を履行できないと判断した場合に、その旨を事務局に提出すると、履行委員会が不遵守の理由を検討し、その結果に応じた対応を行うというものである。実際には、この手続きの開始はすべて自国の申し立てによるもので、他の国を指摘した前例はない。

この手続きの性質について、高村が詳細に分析している。[*38] ここでは、同議定書の不遵守手続きについて、不遵守がもたらす法的帰結や同手続きの法的性格についてまとめた上で、遵守できずにこの手続きを利用する国の多くが、遵守の意思はあっても技術的あるいは制度的事由により履行できない途上国や旧ソ連・東欧諸国であることについて「不遵守手続き（ＮＣＰ[*39]）は、発展の不平等に起因する義務の不遵守の存在故に、違法性の判断を巧みに回避しつつ、義務履行の誠実さに応じて、規範の二元性ならぬ、不遵守に伴う法的帰結の二元性を導入した制度といえるかもしれない」とまとめている。[*40] このようなアプローチは、今後、気候変動や生物多様性の喪失など、先進国と途上国との対立が目立つ問題において参考となる。

＊38　高村　一九九八。
＊39　Non Compliance Procedure.
＊40　高村　一九九八：七五。

遵守措置の具体例②──気候変動枠組条約と京都議定書

気候変動枠組条約では、四条一項において全締約国に対して温室効果ガス排出量の目録作りを義務とすることにより、各国の気候変動問題への寄与度を明らかにするとともに、排出量抑制に向けた各国の努力の大きさを国際世論の目に晒そうとしている。また、途上国に対しては、四条三項で、一項の目録作りに必要な追加的費用の負担を、そして五項では、同条約に関する技術移転の促進を促している。しかし、先進国が四条二項をはじめとする条約上の義務を達成しなかったときの措置については、まったくふれていない。

他方、京都議定書では、二〇〇八年から二〇一二年までの温室効果ガス排出量について数量目標を設定している。しかし、二〇一二年になった時に排出量が規定された数量目標を上回っていた場合の措置については、合意することができず、一八条にて、第一回議定書締約国会議で決めるということだけが定められている。その後、この条項にもとづき、議定書の遵守のための措置が協議されたが、その争点は多岐にわたっていた。

ひとつは、どの規定に関する遵守を扱うかという問題であった。先進国の排出量目標に関する遵守だけに着目するのか、あるいは、議定書に定められたその他の規定も対象とするのかということである。先進国には、排出量目標以外にも、政策を実施すること（二条）や、二〇〇五年までにも明らかな進歩を見せること（三条二項）といった義務が定められている。同様に、途上国に対しても、枠組条約にあるのと同じように、緩やかな義務が定められている。このような規定に対しても遵守規定を定めるのか、その場合にはいかにして「不遵守」を判断するのか、という問題があった。

また、先進国が二〇一二年時点で排出量目標に達成できなかったときの不遵守措置のあり方についても意見がわかれた。京都議定書が採択されて以来、この遵守・不遵守措置については長い間議論が続いていたが、二〇〇一年に原則の部分で合意が成立した。そこでは、途上国の報告の義務など遵守促進を重んじるべき義務を扱う手続きと、先進国の温室効果ガス排出量に関する数量目標を扱う不遵守を重んじた手続きが決まった。そして、とくに後者に関しては、数量目標を超過して排出してしまった場合、二〇一三年以降の排出量からの前借りや実行計画の作成などの措置が定められている。

この遵守規定の効力が検証される時期に差し掛かった二〇〇〇年代後半になっても、米国が京都議定書に参加しないなどの理由から、京都議定書の継続性が交渉の対象となってきた。京都議定書本体が継続しなければ、遵守措置も継続しない。京都議定書の遵守措置の行方を見定める時期にさしかかっている。

参考文献

川田侃・大畠英樹編　一九九三『国際政治経済辞典』東京書籍。
環境省　一九九〇『環境の状況に関する年次報告（環境白書）』大蔵省印刷局。
阪口功　二〇〇六『地球環境ガバナンスとレジームの発展プロセス』国際書院。
高村ゆかり　一九九八「国際環境条約の遵守に対する国際コントロール――モントリオール議定書のNon-compliance手続き（NCP）の法的性格」『一橋論叢』一一九（一）：六七―八〇頁。
西井正弘編　二〇〇五『地球環境条約――生成・展開と国内実施』有斐閣。
Bernauer, T. 1995 The Effect of International Environmental Institutions: How We Might Learn More. *International*

Organization Vol.49, No.2, Spring, pp.351-377.

Chayes, A. and A. Chayes 1993 On Compliance. *International Organization* Vol.47, No.2, Spring, pp.175-205.

Levy, M., R. Keohane and P. Haas 1993 Improving the Effectiveness of International Environmental Institutions. in P. Haas, R. Keohane and M. Levy (eds.), *Institutions for the Earth*. Cambridge: MIT Press, pp. 397-426.

Mitchell, R. 1994 *Intentional Oil Pollution at Sea: Environmental Policy and Treaty Compliance*. Cambridge: MIT Press.

Sands, P.(ed.) 1993 *Greening International Law*. London: Earthscan.

Susskind, L. 1994 *Environmental Diplomacy, Negotiating More Effective Global Agreements*. Cambridge: Oxford University Press.

United Nations Development Programme (UNDP), United Nations Environment Programme (UNEP), World Bank (WB), and World Resources Institute (WRI) 2000 *World Resources 2000-2001*. Washington D.C.: World Resources Institute.

Weiss, E. B. 1998 The Five International Treaties: A Living History. in E. B. Weiss and H. Jacobson (eds.), *Engaging Countries: Strengthening Compliance with International Environmental Accords*. Cambridge: MIT Press, pp. 89-172.

Werksman, J. and P. Roderick eds. 1996 *Improving Compliance with International Environmental Law*. London: Earthscan.

ズームアップ・コラム

COPとは何か？

地球環境関連のニュースで、しばしば「コップ」ということばを聞く。これは、締約国会議（Conference of the Parties）の頭文字をとった略称である。

他の多くの国際条約ではこのような会合が設置されていない中で、地球環境問題に関する多国間条約では、COPを最高意思決定機関として位置づけているものが少なくない。これは、地球環境問題が他の国際問題と比べて関係国の数が多く、また、これらの国の意思決定への参加が重視されているからである。開催頻度は条約ごとにその重要性の認識のされ方により異なる。毎年一回開催しているものもあれば二、三年おきに一回開催されるものもある。

すべての関係国が参加するにとどまらない。COPの特徴は、窓口の広さにある。環境問題は、国以外のステークホールダー（関係者）の役割が目立つテーマである。たとえば、環境保護団体、研究者、企業などが問題解決に決定的な役割を担うことが多い。そこで、これらの参加者に傍聴を認めるCOPが多い。さらには「環境保護団体グループ」「産業界グループ」といったいくつかの主要なグループに発言の機会を与えているCOPもある。

COPの議事・決定ルールは各条約の状況に鑑み、COPでの決定に委ねられている。気候変動枠組条約のように投票ルールが正式に合意されないまま毎年COPが開催されているものもあり、手続きルールでもめる場合もある。

気候変動枠組条約第三回締約国会議（COP3）風景

第3章

国際条約の交渉過程

地球環境問題に関する条約や議定書は、長い時間をかけて国が交渉した結果である。したがって、条約や議定書を理解するためには、その背後にある関係諸国の意思を把握する必要がある。

この章で学ぶキーワード

- ◎気候変動枠組条約
- ◎京都議定書
- ◎生物多様性条約
- ◎気候変動に関する政府間パネル（ＩＰＣＣ）
- ◎レジーム

1 環境問題――取り組みから解決へ

前章では、さまざまな地球環境問題に対して多くの環境関連条約・議定書が採択されている状況を見てきた。また、国際法の効果の評価についてはさまざまな考え方があり、効果を高めるために必要な課題に関しても議論が進められていることがわかった。

国際法は、国際社会の外部から与えられるものではない。今日存在するひとつひとつの国際法は、関係諸国が国際法を作成することに合意し、長い時間と労力をかけて議論し、交渉の末、作成されたものである。すると、成功したものについては、なぜ、このように効果のある国際法ができたのか、問題点の多いものについては、なぜ、このようなものにしかならなかったのか、という疑問が出てくる。

条約や議定書の作成は簡単ではない。ひとつの国で重要と思っている地球環境問題が必ずしも他の国でも同様に重要と思われているとは限らない。国が被害者と加害者との関係にある場合には、被害国の方が問題を重視している場合が多く、なかなか加害国の合意を得られない。すべての国が加害者かつ被害者という場合には、それぞれがどれほど加害者としての責任を持つべきなのか、あるいは被害者としての補償を得るべきなのかという議論になる。途上国の環境問題の場合には、先進国が「自国とは関係ない」といって、取り合わないこともある。

さらに、地球環境問題が他の種類の国際問題と異なる点として、科学的不確実性が伴うという特徴があげられる。不確実な問題に対して、「不確実であっても保険を掛ける気持ちで対策を始めよう」という考え方もあれば、「科学的知見がより明らかになるまで待っていよう」という考え方もある。そのため、どれくらい厳しい対策を盛り込む条約を望むかという点で意見が一致しないことがある。

国内、国際にかかわらず環境政策全般に関する手続きの一連の流れを、マクネイルら[*1]がひとつの図で示している。この図では、環境政策がまとまるまでの過程を次の四段階に分けている。

①認識——調査・観測による問題の把握。問題の存在を広く知らせる時期。
②政策形成——政策の準備、合意形成に向けた動き、話し合いをもつフォーラムの形成。
③実施——資金調達、観測の強化、「ただ乗り」をする主体への圧力など。

＊1　MacNeill et al 1991.

④コントロール――政策実施後の状況を把握。

そして、②の段階で、政治的緊張が最も高まるとしている。

前章で扱った国際法の効果に関する議論は、既存の国際法の実施や効果に関する部分であったので、この分類の③と④に相当する。しかし、③や④で成功するかどうかは、国際法そのものの内容や合意にいたるまでの過程に依存し、そのような背景を知るためには、①と②について理解を深める必要がある。

本章では、さまざまな種類の地球環境問題のなかでもとりわけ研究蓄積のある大気質の保全に関する問題と、近年注目を浴びるようになった生物多様性の問題に着目し、酸性雨、気候変動、生物多様性という三つの問題に対して、国際レベルにおいて今までどのような経緯で取り組まれ、条約や議定書が締結するにいたったかについてくわしく見ていくことにする。これら三種類の問題は、いずれも人間活動を直接の原因とするが、それぞれに特有の性質を持ち、それによって合意の得られ方も違っている。

たとえば、問題が生じる地理的な範囲で考えると、酸性雨は、汚染物質を排出する国と被害を受ける国が周辺の数ヵ国にとどまる地域的問題であるのに対して、気候変動は汚染者も被害者も地球規模である。また、生物多様性保全では、すべての国が加害国といえるが、保全が叫ばれている希少生物種の多くは、熱帯地域に生息しているといわれる。また、問題を解決するために対策を実施する主体を見ると、酸性雨は、関連産業界が中心であるが、気候変動では、産業界のみならず、一般市民あるいは特定地域に居住する人々の生活にまで対策が迫られる。

三つのケースをつうじて共通しているのは、環境問題に関して各国がばらばらに取り組むのではなく、国際的に協調して取り組むための基盤となる枠組み作りに早期に取り組み、その後で具体的な対策を議論していることである。本章の後半では、この枠組みに関する理論研究を紹介する。そして、最後に、国際的な合意としての条約や議定書の分析に関する主な研究を紹介し、そこから、交渉が成功した国際法の特徴を拾い出す。

2　酸性雨

酸性雨問題とは？

酸性雨（acid rain）とは、硫黄酸化物（SO_x）や窒素酸化物（NO_x）、揮発性有機化合物（VOC）などの大気汚染物質が硫酸や硝酸などに変化し、雲を作っている水滴に溶け込んで雨や雪などの形で地上に沈着する現象をいう。[＊2] 通常の雨水も若干酸性ではあるが、pH五・六以下のものが酸性雨と定義される。この雨が長期間にわたって降ると、森林の枯死、農作物の収穫量の減少、湖に住む魚類の死亡、石造の歴史的建造物の溶解、といった被害が生じる。大気中の硫黄酸化物や窒素酸化物の濃度の上昇は、おもに石炭や石油の燃焼によって生じることから、これらの物質の排出量を削減するためには、硫黄含有量の少ない良質の燃料の使用や、燃費効率の向上、脱硫装置などの技術導入などが必要となる。

酸性雨の被害は、おもに石炭を大量に燃焼している地域に集中している。そのため、最初に被害が見られるようになったのは、ヨーロッパや北アメリカ北東部であり、一九六〇年代から問題となり始めている。しかし、近年では、先進国の状況は改善し、むしろ途上国で顕在化するようになった。中国を中心として、東アジアでも、酸性雨の被害が広がり始めている。

＊2　東アジア酸性雨モニタリングネットワーク（EANET）HPより抜粋。

欧米の酸性雨問題

酸性雨が問題として取り上げられ始めたのは、一九六〇年にスカンジナビア諸国で被害が見られるようになってからである。当時、スウェーデンでは、湖の魚類が大量死するという事件が頻発していた。その原因を調べるために湖水を調査した結果、水が急激に酸化していたことが判明したが、なぜ水にそのような変化が生じたかは不明であった。次第に、それがその周辺に降る雨が原因であること、また、雨が酸化する原因として、ドイツやイギリスなどヨーロッパの工業地帯から排出される排気ガスが原因であることが指摘されるようになった。[*3]

一九六八年、スウェーデンは、その状況を経済協力開発機構（ＯＥＣＤ）の国際科学協力政策委員会において開催された特別会議において発表し、各国の協力を要請した。しかし、ドイツやイギリスは、ドイツやイギリス内でも同様の被害が観測されているなら理解できるが、同国内で問題となっていないのに、それほど離れている国に被害を及ぼすという説明には納得できないと、責任を認めることに難色を示した。また、問題が取り上げられたタイミングも悪かった。スウェーデンが一九七二年の国連人間環境会議を招致したのには、海外諸国に酸性雨問題の重要性を知ってもらう目的があったのだが、その直後の石油危機により、多くの先進国、とくにヨーロッパでは、発電用のエネルギー資源を石油から石炭にシフトする政策をとったことから、石炭の燃焼を抑制するという議論には消極的となった。

そこで、スウェーデンやノルウェーは、改めて、排ガスに含まれるＳO_xやＮO_xへの規制をヨーロッパの主要諸国に対して呼びかけた。まず、ＯＥＣＤが原因解明の調査を立ち上げた結果、一九七七年には、スカンジナビアの酸性雨の原因がヨーロッパ諸国から排出されるガスで

＊3　Gould　1985; Hanf and Underdal 2000.

あることが再度確認された。それを契機に同問題に関する交渉がようやく開催された。交渉は国連ヨーロッパ経済委員会（ＥＣＥ）が主催した。ここでは、ＯＥＣＤの研究成果が出ていたためにある程度の理解は得られ、スカンジナビア諸国は、酸化物排出量について厳しい削減措置を求めたが、おもな排出源が位置するドイツやイギリスは、依然として消極的な態度を維持した。そのため、一九七九年にようやく採択された長距離越境大気汚染条約（ジュネーブ条約、ＬＲＴＡＰ）[*4]では、排出を削減するよう努力する、という穏やかな文言が採択されたにとどまり、排出量の規制そのものよりは、モニタリングや排出量の報告義務の制度を設立したことが条約の意義となった。

一九八〇年代に入ると、ドイツの南部で「黒い森」といわれる森林の木が枯れ始めたのがきっかけとなり、ドイツをはじめとするヨーロッパ諸国で関心が急速に高まり、ようやく主要な汚染物質排出国で酸性雨の問題が真剣に取り組み始められるようになった。長距離越境大気汚染条約が一九八三年に発効したのに伴い、排出量に関する具体的な削減目標設定に向けた交渉が再開した。まず、一九八四年には、資金供与に関する取り決めとして同条約の下にＥＭＥＰ議定書が採択された。翌年一九八五年にはヘルシンキ議定書が採択された。この議定書は、その前年に、関心のある国が集まって結成した「三〇％クラブ」での議論にもとづいており、硫黄酸化物の排出量を遅くとも一九九三年までに、一九八〇年時点よりも三〇％削減することとなった。さらに、一九九八年のソフィア議定書では、窒素酸化物について、一九九四年までに一九八七年時点の排出量の水準にまでもどし、以降その水準で凍結、という目標が設定された。加えて、一九九一年には揮発性有機化合物（ＶＯＣ）[*5]の排出量に関するＶＯＣ規制議定書、一九九四年にはヘルシンキ議定書を補足し硫黄酸化物削減を定めたオスロ議定書、一九九

＊4　Convention on Long-Range Transboundary Air Pollution.

＊5　Volatile Organic Compound.

八年には重金属議定書、一九九九年にはPOPs議定書と酸性化・富栄養化・地上レベルオゾン低減議定書、が次々と採択された[*6]。

排出量規制の効果により、欧州諸国からのSO_x、NO_x排出量は急速に減り、酸性雨は以前ほど問題として扱われなくなっている。一九八〇年代後半以降は、チェコ、ポーランド、ハンガリーなど旧東欧諸国での対策が主流となり、この地域での状況も改善している。近年では、多くの議定書をひとつにまとめられないかといった議論もなされている。

北アメリカでも、一九七〇年のアメリカにおける大気浄化法改正に伴い、カナダとの国境に近いアメリカの製錬所が煙突を高くして新たな環境基準を満たそうとしたために、アメリカではなくカナダで酸性雨の被害が生じるようになった。カナダの苦情に対してアメリカは消極的であったが、カナダがヨーロッパにおけるスカンジナビアと活動をともにした結果、一九七九年の長距離越境大気汚染防止条約に、カナダとアメリカも加盟することになった。その後、両国は一九八〇年に情報交換や観測に関する覚書に合意したが、画期的な排出量の削減は、一九九〇年のアメリカ大気浄化法の大幅な改正と、翌年のアメリカ–カナダ大気質に関する協定まで待たなければならなかった[*7]。

アメリカにおける大気浄化法改正の目玉は、SO_xの排出許可枠取引制度である。これは、主要なSO_x排出源である発電所に対し、排出量に見合うだけの排出許可証を保有することを求める制度である。それ以上排出したい企業は、外から購入して来なければならない。逆に、設備投資をして排出量が減った企業は、余った許可証を他の企業に売却できる。このような制度を用いた結果、SO_xの排出量は目標とされていた数量まで抑えられ、排出量削減に必要な費用は、当初推定されていたよりも大幅に少なかった。この制度の成功という経験は、その後、ア

＊6　Liefferink 1997.

＊7　Wilcher 1989.

メリカが後の京都議定書交渉において排出枠取引制度の導入を強く求める背景となった。

アジア地域の酸性雨問題

アジアでも、急激な工業化に伴い、酸性雨の被害が見られている。日本では、最も古い記録として、一九三六年ごろから測定されたものがある。[*8] そのころの酸性雨は、日本国内の工業化が原因であったと考えられるが、その後、日本国内では次第に公害対策が進んだにも拘わらず、酸性雨は日本全土で観測されるようになり、原因として火山噴火やアジアの大陸側からの飛来が指摘されるようになった。[*9] 原因となる物質が他の国から来るのであれば、問題解決のためにはその国の協力が不可欠となる。

このように、アジアにおいても欧米と同様、酸性雨は認識され、一部で被害も生じていたが、すぐに国際的な場で話し合いが始まるということにはならなかった。

アジアが欧米と異なるのは、欧米における取り組みが先進国同士の交渉であるのに対して、アジアでは、日本が唯一の先進国で、他の国は途上国であるという状況である。また、欧米と比べると、アジア地域内での国家間の政治的関係は、決して良好とはいえない。そこで、日本は、まず専門家の間で酸性雨の科学的知見に関する問題について話し合う場を一九九三年以来設けてきた。その結果、一九九八年に初の政府間会合が開催され、アジア酸性雨モニタリングネットワーク（ＥＡＮＥＴ）の稼動に向けた検討か開始された。このネットワークは二〇〇一年に正式稼動した。参加国は、試行稼働に参加した一〇ヵ国、中国、インドネシア、日本、マレーシア、モンゴル、フィリピン、韓国、ロシア、タイ及びベトナム、そして、その後に参加したカンボジア、ラオスの計一二ヵ国である。ＥＡＮＥＴの主な活動目的は、①東アジアにお

＊8　石　一九九二。
＊9　石　一九九二。

ける酸性雨問題の状況に関する共通理解の形成、②酸性雨による環境の悪影響を防ぐため、国や地域レベルでの政策決定に有責な情報の提供、③参加国間での酸性雨問題に関する協力の推進、である。

欧米では、酸性雨の科学的解明がただちに多国間条約の制定に結びついたが、アジア地域では、科学的知見の集積によって、各国の自主的な対策を促している。このように、地域ごとに対策の進め方が違う背景には、各国の文化の違いなどがある。

3 気候変動

気候変動問題とは?

気候変動問題とは[*10]、大気中の温室効果ガス濃度が上昇すると地球に蓄積される熱の量が増え、大気が温まるという現象の結果、地球上でさまざまな気候の変動が生じる問題を指す。温室効果ガスには、二酸化炭素（CO_2）、メタン（CH_4）、亜酸化窒素（N_2O）などがあるが、とくに問題とされているのはCO_2である。CO_2は、石油や石炭などの化石燃料の燃焼によって生じるため、エネルギー利用と関連する。実際、人類が石炭のエネルギーを利用して産業革命を起こした一八世紀末以前には、大気中のCO_2濃度は約二八〇ppm（一〇〇万分の一比）であったが、その後、上昇し始め、現在では、約三八〇ppmにまで増加している。このままでは、二一〇〇年ごろには五四〇〜九七〇ppmほどまで増加すると予想されている。[*11]

CO_2濃度が予想どおりに上昇した場合、地球の表面の平均気温は、二一〇〇年までに約一・一

＊10　気候変動は、climate changeの邦訳であり、ここで取り上げている問題は、地球温暖化問題（global warming）と同義である。通常、気候変動と地球温暖化は区別せずに使われているが、ここでは、地球が暖かくなることよりも、地球が暖かくなる結果生じるさまざまな気候の異常な変動が問題であると考え、気候変動で統一することにした。

＊11　IPCC 2007.

～六・四度上昇すると予想されている。たかが一・一～六・四度というと、たいして変わらないように感じられるかもしれないが、これは平均気温であり、地域ごとに見れば、それ以上上昇する所や、逆に気温が下がる地域も出てくる。このような気温の変化は、次のような影響を与えると考えられている。

① 気温上昇が、ある地域に特定して生息する動植物や生態系全体に及ぼす影響。

② 降雨パターンの変化。また、集中豪雨や異常乾燥といった異常気象の頻度の増加。これは、さらに、食糧生産に影響を与えることになる。また、気温と湿度の上昇により、マラリアの発生地域が増える。

③ 海面上昇。海水が気温の上昇によって膨張するために海面が上昇し、小さな島国やバングラデシュなど低地にある国では居住できなくなるおそれがある。

④ 海流の流れが変わることによる、地域の気候への影響。

⑤ シベリア凍土の融解により、氷中に閉じ込められていたメタンが放出、あるいは、海中に溶けているCO_2が大気中に放出され、大気中の温室効果ガスの濃度がさらに上昇するというフィードバック。

このような現象を回避するためには、温室効果ガスの排出量を抑制しなければならない。しかし、ここで問題をさらに困難にしているのは、どの水準にまで濃度の上昇が許されるのかということに対して、人々の主観的判断が求められることである。現在では、産業革命以前の濃度の二倍である五五〇ppmでの安定化を当面の目標としてさまざまな推計がなされているが、この水準で最終的にとどめるためには、世界の温室効果ガスの総排出量を現在の水準から大幅に引き下げなければならない。しかし、ほとんどの国では、CO_2排出量は増加し続けており、とくに途上国では、今後の経済発展によって排出量が伸び続けるのは明らかである。

二〇〇七年の時点では、地球全体で、年間約二九〇億トン（二酸化炭素換算）のCO_2が大気中に放出されている（エネルギー燃焼起源のみ）。そのうち、約二一％は中国から排出されている。中国は一九九〇年代後半からの急速な経済成長により、排出量が急増し、二〇〇七年に米国を抜かして世界最大の排出国となった。アメリカからの排出量も依然として多く、世界の二〇％ほどを占める。その後には、ヨーロッパ連合（EU二七ヵ国）、ロシア、インド、日本と続く。一人あたりの排出量で見ると、アメリカやカナダ、オーストラリアが突出しており、同じ先進国の日本の一人あたりの排出量と比べても、約二倍となっている。

気候変動枠組条約

大気中のCO_2濃度が高くなれば地球の平均温度が上昇するという学説の発祥は、一九世紀末に見られるが[*12]、気候変動問題が地球規模で取り組むべき重要な課題として国際政治の場で認識され始めるまでには時間がかかった。第二次世界大戦後、アメリカは一九五〇年代からハワイのマウナロア山という人間活動の影響を受けない場所で大気中CO_2濃度を計測し始めた。その結果、一九八〇年代までには、大気中濃度が実際に少しずつ上昇していることが確認された。このデータにもとづいて、一九八〇年代には、問題認識が科学者の間から政策決定者へと広がっていった。一九八〇年に出版されたアメリカの「西暦二〇〇〇年の地球」のなかで、気候変動に対する懸念が表明されたのをはじめとして、一九八五年のフィラハ会議や一九八七年のベラジオ会議における、科学者間の意見交換を経て、国際レベルで温室効果ガス排出量の削減に取り組んでいくべきという主張が強まった。

＊12　Arrhenius 1896.

一九八八年六月には、カナダのトロントにて「変化する地球大気に関する国際会議」が開催された。この会議では、気候変動を、長距離越境大気汚染やオゾン層破壊とともに大気保全問題のひとつとして扱ってはいたものの、問題解決のために自然科学者と政策決定者が一堂に会し具体的な指針を示した初の機会として重要な会合となった。ここでは、全地球の目標として、二〇〇五年までにCO_2排出量を一九八八年レベルの二〇%削減、長期目標として五〇%削減を勧告しており、この目標はトロント案と呼ばれた。

このような動きに対応して、気候変動に関する科学的知見を集積するために一九八八年秋に設立されたのが、**気候変動に関する政府間パネル**（ＩＰＣＣ）[*13]である。このパネルでは、世界中から気候変動に関する研究に携わる研究者が集まり、気候変動のメカニズムや、今後の予測、必要な排出削減量などが話し合われた。

他方、国際政治の場では、気候変動問題に対処するための国際条約を作る必要があるという認識が高まった。一九八九年秋にオランダのノルドヴェイクで開催された初の閣僚級会合では、オランダやドイツなどのCO_2排出目標設定積極派とアメリカや日本などの消極派の間で意見がわかれたが、条約作成に向けた土壌固めとなった。

一九九〇年夏に提出されたＩＰＣＣ第一次評価報告書では、科学的不確実性は残されているとしながらも気候変動のさまざまな悪影響が生じるおそれを指摘していた。これは、アメリカの「科学的不確実性が高い」という主張を弱める結果となった。この報告を受けて、同年末の第二回世界気候会議及び国連総会において、一九九二年の署名を目指して条約およびそれに関する法的措置についての交渉を開始することになった。

政府間交渉会合（ＩＮＣ）[*14]は、一九九一年初頭から開始されたが、さまざまな争点を抱える

＊13　Intergovernmental Panel on Climate Change.

＊14　Intergovernmental Negotiating Committee.

厳しい交渉となった。排出量の抑制に関して、厳しい数量目標を定めたいヨーロッパ諸国、目標設定に反対のアメリカ、積極的対応が必要としながらも、ヨーロッパの目標は非現実的とする日本や多様な意見をまとめようとするイギリスとの間で妥協案が見い出せなかった。また、ロシアや東欧諸国など、計画経済から市場経済に移行中の国は、途上国という分類には入らないものの、経済活動の水準は先進国よりも大幅に低く、先進国と同様の規制を受けることに反発していた。また、途上国の参加のあり方について、先進国は、今後、CO_2排出量が増加していくのは途上国であるから、問題を解決するためには先進国だけが対策をとっても不十分であり、途上国も、先進国よりも緩くても構わないので何らかの義務を設定すべきとした。しかし、途上国グループは、気候変動問題は今まで先進国が大量に化石燃料を燃焼し、経済活動を進めてきた結果であるから、先進国が責任をとって対策を講じるべきであると主張した。この先進国と途上国との対立は、最後まで続いた。

一九九二年五月の最後の交渉会議において、最後の対立点であった数量目標の条項でアメリカとヨーロッパとの間で妥協が成立し、ようやく気候変動枠組条約（UNFCCC）[*15]が採択された。六月のUNCEDでは、同条約の署名式が行われた。

条約の内容を見てみると、まず二条では、「気候システムに対して危険となる人為的干渉を及ぼすことがない水準で、大気中の温室効果ガス濃度を安定化させる」ことが条約の究極の目的とされている。しかし、具体的にその水準が何ppmであるのかは、ここには明記されておらず、以来、その水準をめぐってIPCCに与えられた課題のひとつとなっている[*16]。

また、注目の先進国の排出量目標については、「CO_2その他の温室効果ガスの人為的な排出の量を一九九〇年代の終わりまでに従前の水準にもどすことは、このような修正に寄与するも

＊15　United Nations Framework Convention on Climate Change.

＊16　正確には、OECD諸国とロシアなど市場経済移行中の国を合わせて附属書I締約国（Annex I country Parties）と定義されている。その反対に、途上国は非附属書I締約国（non-Annex I country Parties）となっている。

のであることが認識される」ことを念頭において「温室効果ガスの人為的な排出を抑制することと並びに温室効果ガスの吸収源及び貯蔵庫を保護し及び強化することによって気候変動を緩和するための自国の政策を採用し、これに沿った措置を取る」という、政策をとってさえいれば排出量の安定化目標に達成しなくても条約の義務違反にはならないと解釈される文章となった。また、二〇〇〇年以降の排出量に関しては合意できず、それに関する条文案は、すべて削除された。[*17]

一方、途上国の排出量については、具体的な目標値は設定されないことになった。途上国と先進国双方に対して、温室効果ガス排出量が自分の国のどの部門からどれだけ排出されているかというデータをまとめ、締約国会議に通報することや、温室効果ガス排出を抑制するための政策を実施することなどが、唯一の義務として提示された。

条約は、一九九二年に採択された後、各国内での批准手続きを経て、一九九四年三月に発効した。

京都議定書交渉

一九九五年三、四月には、ドイツのベルリンにて第一回締約国会議（ＣＯＰ１）が開催された。ＣＯＰ１での最大の議題は、現在の枠組条約が気候変動の解決に不十分かどうか、また、不十分ならば、追加的にいかなる行動をとるべきか、ということであった。条約が問題の解決に不十分であることにはどの国からも異議がでなかったが、次の行動については、先進国と途上国で意見が分かれた。先進国、とくにアメリカは、今後は途上国の取り組みについても議論していくべきだとしたのに対して、途上国は、一九九〇年以降も大部分の先進国ではCO_2排出

＊17　Bodansky 1993; Mintzer and Leonard 1994.

資料3－1　気候変動枠組条約（抜粋、著者訳）

第２条 目的

本条約および締約国会議が採択する関連法的文書は、本条約の関連規定に従い、気候システムに対して危険となる人為的干渉を及ぼすことがない水準で、大気中の温室効果ガス濃度を安定化させることを究極の目的とする。そのような水準は、生態系が気候変動に自然に適応し、食糧生産が脅かされることなく、かつ、経済発展が持続可能なかたちで進行することができる期間内に達成されるべきである。

第４条　約束

２．附属書Ⅰに掲げられた先進国及びその他の締約国（以下､附属書Ⅰ締約国とする）は、とくに、次に定めることに従うことを誓約する。

(a) 附属書Ⅰ締約国は、温室効果ガスの人為的排出を抑制すること、ならびに、温室効果ガスの吸収源と貯蔵庫を保護し、また強化することにより気候変動を緩和するための国内の政策を講じ、これに沿った措置をとる。これらの政策や措置は、温室効果ガスの人為的排出の長期的傾向を本条約の目的に従って修正することに関して、先進国が率先して行っていることを示すこととなる。CO_2その他の温室効果ガス（モントリオール議定書によって規制されているものを除く）の人為的排出量を1990年代の終わりまでにそれ以前の水準にもどすことは、かかる修正に寄与するものであると認識される。また、付属書Ⅰ締約国の出発点、対応方法、経済構造や資源の基盤がそれぞれ異なるものであること、利用可能な技術やその他の各自の事情があること、ならびにこれらの締約国が本条約の目的のための世界レベルの努力に関して公平で適切な貢献を行う必要があることについて考慮される。附属書Ⅰ締約国が、これらの政策・措置を他の締約国と共同して実施すること、並びに、他の締約国による本条約の目的、とりわけこの（a）の目的の達成への貢献について当該他の締約国を支援することもありうる。

量が伸び続けているため、実際に排出量が減少方向に向かわなければ先進国が対策をとったとはいえず、その後でなければ途上国が対策を実施する義務を負うわけにはいかない、と強く反対した。

この議論の結果、ようやく合意が得られた決議がベルリン・マンデートである。この決議では、一九九七年に開催される予定の第三回締約国会議（ＣＯＰ３）までに、新たな議定書あるいはそれに代わる法的文書に合意することを目指すという内容であった。その法的文書には、①目標達成に必要な政策・措置、及び②二〇〇〇年後の附属書Ⅰ締約国の温室効果ガス排出量及び吸収源による吸収に関する数量目標が盛り込まれることになった。また、途上国については新たな義務は課さない、ということも定められた。

ベルリン・マンデートにもとづき、二年間の議定書交渉が開始された。そこでは、条約交渉時に見られた先進国間の対立、及び先進国と途上国との間の対立が再燃した。

先進国の間では、二〇〇〇年以降の排出量目標について、意見が分かれた。ヨーロッパ諸国は、条約交渉のときと同様、厳しい削減目標を主張した。また、各国ごとに事情が異なるのはわかるが、いちいち事情に配慮していると合意は得られないので、一律の削減率が望ましいとした。一九九七年三月にヨーロッパ連合として提出された案は、先進国に対して「二〇一〇年までに一九九〇年の排出量よりも一五％削減」という数量目標だった。しかし同時に、ヨーロッパ連合は連合全体でひとつの数量目標を達成する道を残すよう主張した。つまり、ヨーロッパ全体で一五％といっても、そのなかでは、ドイツやイギリスのように排出量が減っている国もあれば、スペインやポルトガルのように増え続けている国を認めてほしいということである。

ヨーロッパ以外の先進国は、このようなヨーロッパの提案を批判した。まず、一五％削減という数値に対しては、非現実的であるとした。実際、ヨーロッパ連合のなかでも一〇％削減までしか実際には負担割当てが決まっておらず、残りの五％をどうするのかが合意できていなかった。また、ヨーロッパ連合域内では、ドイツが二五％削減するのに対してポルトガルが四〇％増やせるような削減割合の負担再配分が認められるとしながら、ヨーロッパ連合外の先進国に対しては、一律の削減率を求めるという提案だったために、日本やオーストラリアなど国の事情に合わせて異なる削減率を主張していた国から強く批判された。

しかし、他の先進国が目標値を提案するのには時間がかかった。一九九七年一〇月、ようやく日本が五％削減を基本として、国の事情に応じて削減率の大きさに差異を認める案、その後にアメリカが一九九〇年レベルで安定化、という案を出し、ＣＯＰ３で最終調整が行われることになった。

争点は数量目標以外にもあった。アメリカが固執していたのは、排出量取引や共同実施といった、排出枠の売買を認める制度であった。経済学の理論では、排出量取引を導入すれば排出量削減に必要な限界費用の最も少ないところで削減が行われることになるため、全体で必要となる費用の総額が最小化される。アメリカは、国内で実施されたＳO_x排出量取引の成功例を紹介し、温室効果ガスについても導入すべきと主張した。これに対して、ヨーロッパ諸国や途上国は、限界費用が低いと考えられている旧ソ連諸国や途上国に対策が押しつけられ、排出枠を購入する資金のある裕福な国は排出量を永久に伸ばし続けられるとして、排出量取引に反対した。

また、アメリカは途上国の参加についても次第に声を強めていった。中国やインド、ブラジルなどは、世界の温室効果ガス排出総量に占める割合も多く、今後排出量がさらに増加すると予想されるため、これらの国も削減とはいわなくても伸びを抑制する程度の緩やかな数量目標を定めるべきであるとした。これに対してヨーロッパと途上国は、ベルリン・マンデートで途上国に新たな義務は課さないことがすでに合意されているとして取り合わなかった。[*18]

京都議定書の内容

一九九七年一二月、気候変動枠組条約第三回締約国会議（ＣＯＰ３）が京都で開催され、議定書交渉が最後の詰めを迎えた。そこでの長時間にわたる交渉の結果、最終日に採択されたのが京都議定書[*19]である。

一番の懸案であった先進国の排出量目標については、数量目標の根拠となる算定方法や制度が京都会議の場で次々に変わっていったため、事前に各国が提案していた目標値はほとんど意味を持たなくなってしまった。ようやく最終的に合意された条文では、日本、アメリカ、ヨーロッパ連合は、二〇〇八～二〇一二年の五年間（第一約束期間と呼ばれる）の平均排出量を、一九九〇年の排出量と比べてそれぞれ六％、七％、八％少ない量に抑えることになった。途上国に対する目標設定は、途上国の強い反発の結果、先送りとなった。

目標数値算定の根拠となる計算方法がＣＯＰ３での争点となった。たとえば、対象となる温室効果ガスについては、主要な温室効果ガスであるCO_2、CH_4、N_2Oに加えて、ハイドロフルオロカーボン（ＨＦＣ）類、パーフルオロカーボン（ＰＦＣ）類、六フッ化窒素（SF_6）の合計六種類を温室効果への寄与度に応じて炭素換算で合計した数値を対象とすることになった。また、植林活動などによって森林が吸収すると考えられるCO_2の量を排出量削減と同等に扱うこ

＊18　Grubb et al 1999.

＊19　Kyoto Protocol to the UNFCCC.

資料3－2　京都議定書（抜粋、著者訳）

第3条

1．附属書Iの締約国は、附属書Aにあげる温室効果ガスのCO_2相当での合計の人為的排出量（附属書I締約国全体によるもの）を2008年から2012年までの約束期間中に1990年の水準より少なくとも5％削減することを目的として、個別にまたは共同で、当該ガスのCO_2相当での合計の人為的排出量が、附属書Bに記載された排出抑制・削減に関する数量化された約束ならびにこの条の規定に掲げられた割当量を超えないことを確保する。

第12条

2．クリーン開発メカニズムは、非附属書I締約国が持続可能な開発を達成しおよび条約の究極な目的に貢献することを支援することならびに附属書I締約国が第3条の規定に基づく排出の抑制および削減に関する数量化された約束の履行の達成を支援することを目的とする。

3．クリーン開発の制度の下で、

(a) 非附属書I締約国は、認証された排出の削減をもたらす事業活動により利益を得る。

(b) 附属書I締約国は、第3条の規定に基づく排出の抑制および削減に関する数量化された約束の一部の履行に資するため、(a) の事業活動から生ずる認証された排出の削減量をこの議定書の締約国の会合としての役割を果たす締約国会議が決定するところに従って用いることができる。

第17条

締約国会議は、とくに排出量取引についての検証、報告および責任に関し、適切な原則、方法、規則および指針を定める。附属書Bにあげる締約国は、第3条の規定に基づく約束を履行するため、排出量取引に参加することができる。当該取引は、同条の規定に基づく排出の抑制および削減に関する数量化された約束を履行するための国内での行動を補足するものでなければならない。

第18条

この議定書の締約国の会合としての役割を果たす締約国会議は、第1回会合において、この議定書の規定の不履行の事案について、不履行の原因、種類、程度および頻度を考慮して決定しおよび対処するための適当かつ効果的な手続および制度（不履行の結果に関する表の作成を含む）を承認する。拘束力のある結果を課するこの条の規定に基づく手続および制度は、この議定書の改正により採択される。

とも認められた。

さらには、アメリカが強く主張していた排出枠取引など他国の排出量削減分を自国の分として算入する制度が認められた。各国に排出枠を配分し、その排出枠を取り引きする排出枠取引制度のほか、先進国どうしで協力して排出削減事業を実施する共同実施、先進国が途上国内で排出削減に資する事業を支援するクリーン開発メカニズム（ＣＤＭ）の三種類、いわゆる京都メカニズムが承認された。他方、ヨーロッパ連合は、加盟国それぞれに目標は与えられながらも、ヨーロッパ連合全体で数量目標を達成する手段が認められた。

京都議定書後

京都議定書は、排出量目標を定めることには成功したが、さまざまな課題を残していた。まず、植林活動などによって新たにCO_2が吸収された場合に、その吸収量を排出量から差し引いた数値を国の「排出量」とみなす考え方が認められたが、肝心の森林などによる吸収量の計算方法については、今後の検討課題とされた。また、京都メカニズムの実際の取引方法についても詳細は持ち越された。二〇一二年に排出量が目標値を超えてしまった場合など、京都議定書の義務を遵守できなかった場合の措置についても先送りとなった。途上国に対しても、条約に定められた緩やかな義務の再確認以上の内容を含めることはできなかった。

このように多くの課題を残した議定書であったために、翌年アルゼンチンのブエノスアイレスで開催されたＣＯＰ４では、二年間かけてこれらの問題に対して議論するというブエノスアイレス行動計画が採択された。これは、ＣＯＰ１におけるベルリン・マンデートと同様、今後二年間の作業計画であった。

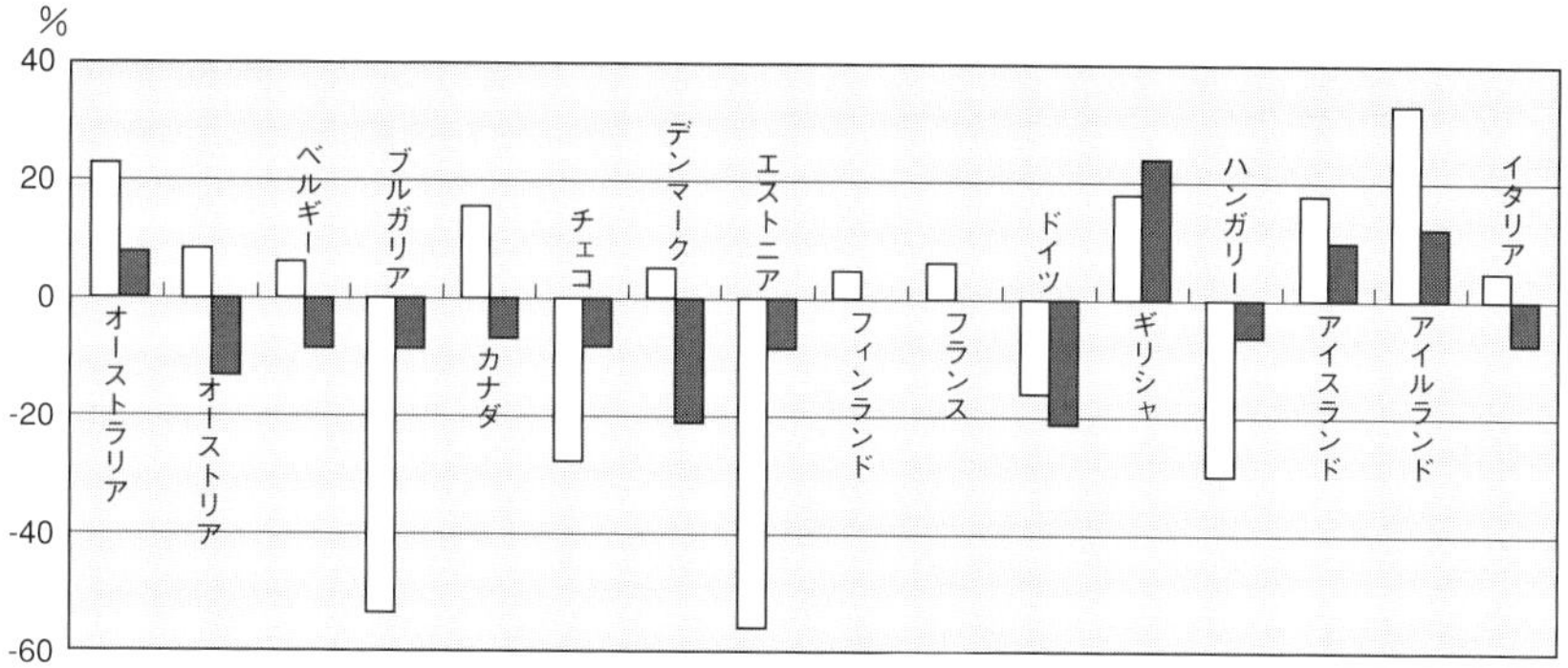

図3－1　附属書Ⅰ国の排出量変化率と京都議定書目標値（その1）

排出量変化率（1999年／1990年）
2008～2012年の目標数値（1990年比）

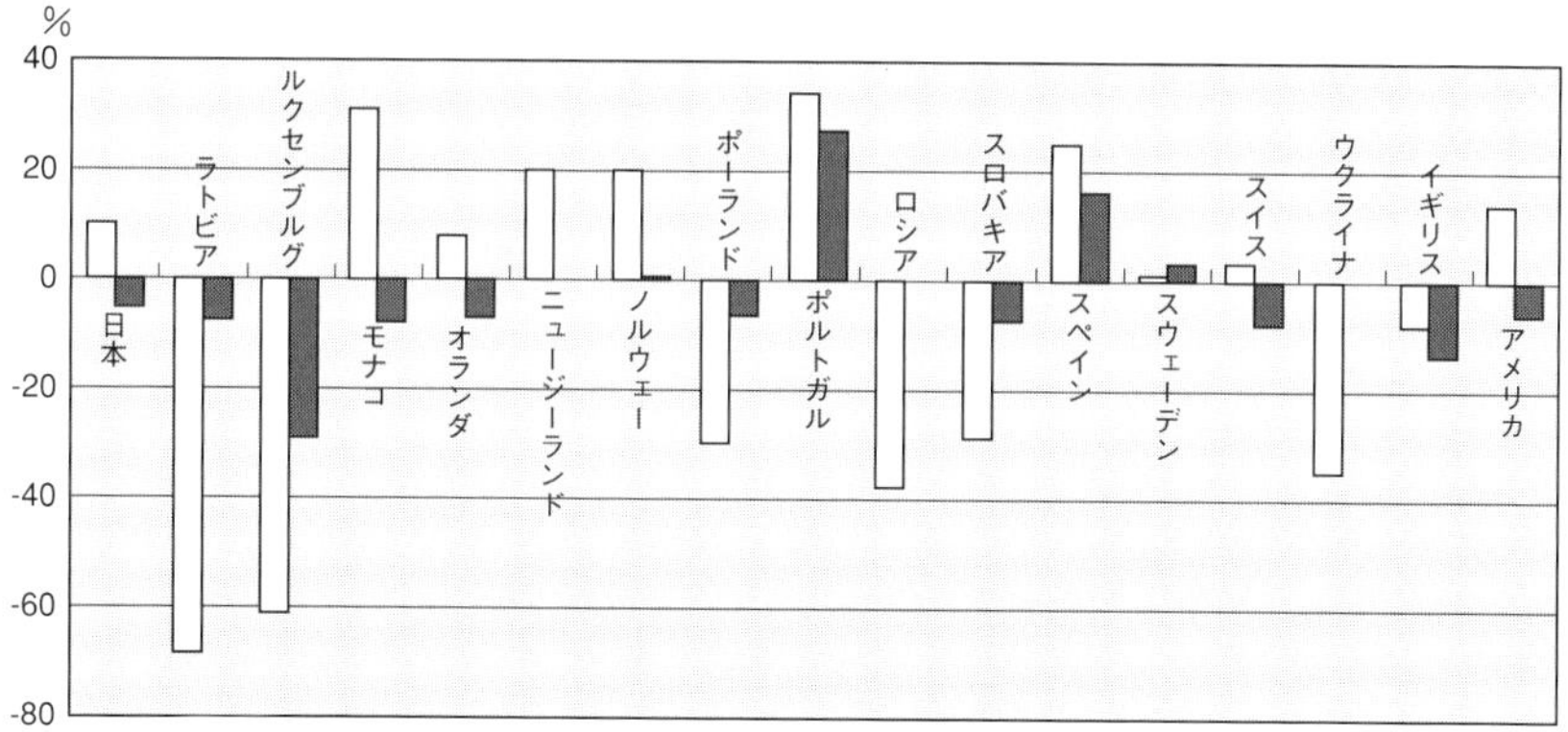

図3－2　附属書Ⅰ国の排出量変化率と京都議定書目標値（その2）

排出量変化率（1999年／1990年）
2008～2012年の目標数値（1990年比）

その後、COP6での合意を目指して交渉が再開した。二〇〇〇年一一月、オランダのハーグでCOP6が開催され、ブエノスアイレス行動計画の完了が試みられたが、アメリカとヨーロッパの間で最後まで調整がつかず、会議は延期になってしまった。翌年七月に、COP6の再開会合が開かれることになったが、その間に、二〇〇一年一月、アメリカの大統領がクリントンからブッシュに替わった。共和党のブッシュ政権は気候変動問題に対して関心が低く、就任から数ヶ月後には京都議定書からの離脱を表明した。京都議定書の内容が、アメリカが参加することを前提に合意されたものであったため、他の先進国はアメリカに対して復帰を求めた。七月に再開されたCOP6では、アメリカの参加がなくとも残りの国々で京都議定書を発効させるべきだとして、アメリカの不参加を懸念するカナダや日本に対してEUが大幅に譲歩した。その結果、日本もアメリカの参加はとりあえず見送り、ボン合意という政治的合意にいたった。その後同年秋に開催されたマラケシュでのCOP7では、ボン合意を国際法として正式な文章に書き換える作業が行われ、マラケシュ合意[*20]が合意された。マラケシュ合意では、排出量取引などの運用規則や、京都議定書の義務を遵守できなかったときの措置、森林などによって吸収が認められるものなどについて、詳細な規定が定められた。

これらの細則の決定により、アメリカを除く国の多くは、京都議定書批准に向けて、国内手続きを開始した。京都議定書の発効には附属書Ⅰ国の排出量の五五％以上を占める国の批准が必要だった。米国が批准しない以上、この条件を満たすためには米国以外の大半の附属書Ⅰ国の批准を必要とした。発効には年月がかかり、ようやく二〇〇四年にロシアが批准し、京都議定書の二〇〇五年発効にいたった。その年の暮に開催された気候変動枠組条約第一一回会議（COP11）は、京都議定書第一回締約国会合（CMP1）との同時開催となった。

＊20　Marrakesh Accords.

さらに二年後の二〇〇七年に開催されたCOP13、CMP3では、京都議定書の第一約束期間が終了する二〇一二年より先の時期の国際的取組のあり方について交渉を始めることが合意された。この文書は会議が開催された場所の名をとりバリ行動計画と呼ばれた。

将来の国際枠組みを構築する要素としてバリ行動計画に盛り込まれたテーマは多岐にわたった。単に先進国の排出削減目標の数字の議論にとどまらず、長期目標、途上国の活動、適応策、技術移転、資金が議論の対象となった。

バリ行動計画に基づく次期国際枠組みに関する交渉は二年間を予定し、二〇〇九年に開催予定だったCOP15での合意を目指した。しかし、交渉は困難を極めた。バリ行動計画で交渉の対象とされたテーマが多すぎて、交渉テキストは二〇〇ページほどの厚さになった。また、バリ行動計画はCOP決定、つまり気候変動枠組条約の下での合意だが、それと並行して京都議定書の下のCMP1で決定された交渉会議にて、先進国の二〇一二年以降の排出削減目標について交渉していた。さらには、COP15までの交渉を促進するために、今まで気候変動についてほとんど言及してこなかった主要八ヵ国首脳会議（G8サミット）などの政治的な会合が気候変動政策の長期目標を議論するようになった。

二〇〇九年一二月、コペンハーゲンで開催されたCOP15及びCMP5は、気候変動に関する国際交渉の歴史の中で、最も国際社会の注目を浴びた会議だったといえる。参加人数はオブザーバも含めて約四万人、首脳級会議に出席した各国の首脳は一一九ヵ国に及んだ。国連本部があるニューヨーク以外の都市でこれだけ多くの首脳が一堂に会したのは、史上初とのことだった。しかし、世の中の関心が高まりすぎたこともあっただろうか。本質的な交渉の進展はほとんどなく、翌年開催予定のCOP16まで継続協議することとなった。他方、首脳級会合では、政治合意として「コペンハーゲン合意」が了承された。ただし、これは単なる政治合意文書であり、また、一部の国の反対があったために「採択」ではなく「了承」という形式になったこともあり、最大限尊重すべきではあるものの、必ずしもそのまま交渉に入れ込まなくてはならないわけではない。二〇一〇年、メキシコのカンクンで開催予定のCOP16に向けて交渉継続中である。

4 生物多様性

この世界には、多様な種の生物が生息している。ワシントン条約が希少な野生動植物の個体数の管理に主眼を置いているが、多様性そのものは目的外としている。しかし、実際には、世界に数千万種いるといわれている生物種の多くは昆虫など小さな生き物である。それぞれを個別に保護するというよりは、これらの多様な種が生息している生態系そのものを保全していこうとする考えが、生物多様性の基盤にある。

人類の活動がグローバル化し、また、環境の汚染も進み、二〇世紀以降、生態系は急速に変化してきた。特に種の多様性が顕著といわれる熱帯林では急激な森林伐採が行われている。

種の多様性はなぜ重要なのだろうか。まず、同一種の中でも多様性が重要である理由として、急激な環境変化に対する抵抗力があげられる。同じ種の中でも、比較的乾いた気候に適したものやそうでないもの、ある特定の病原菌に対する抵抗力を持つものとそうでないものが混在している。環境が急激に変化しても新しい環境に適性を持つものが生き残れるため、多様性があるほど種として絶滅しづらくなる。

第二に、種の多様性が重要な点として、生態系ピラミッド、あるいは食物連鎖による連鎖的絶滅の危険性があげられる。世の中の動植物は、互いに捕食関係や協同関係を構築して生きている。あるひとつの種が絶滅した時、それを食べている種にもマイナスの影響を及ぼす。こうして、次々と関係する種の個体数が減っていく恐れがある。また、第三の点として、多様性が、生態系自身の健全性を示す指標として機能しているという点である。生物種の中には、わずかな環境変化で減少してしまうものもある。多様性の現象は、人間による生態系改変の度合いを示すともいえるということだ。

さらに、別の観点からは、生物多様性問題は社会経済的な問題としての性質を帯びる。生物の遺伝子は、それが医療あるいは農業の分野において利用価値が見出されると、急に経済的価値の高いものとして扱われるようになる。たとえば、途上国の熱帯林の中で先進国の企業が発見した生物の遺伝子から高額で売れる製品が発売された場合、この生物の生息地を保全してきた途上国に対して、利益の一部が還元されるべきだろうか。

あるいは、近年のバイオ技術の発展により、自然界には存在しなかった遺伝子を持った生物が増えてきたことも、生物多様性の問題に発展する。バイオ技術は、悪天候に強い品種の農作物を作るなど、人間の食料生産能力増強に寄与したが、他方で、遺伝子を改変された生物が従来種に及ぼす影響まで十分に検討されたわけではない。自由貿易の下で遺伝子改変生物が国内に持ち込まれる際、何らかの情報提供が必要なのではないか。

生物多様性には科学的に明らかになっていない点がいくつもある。そもそも、どこにどれくらいの種が生息しているのか、といった基本的な情報について正確なデータがない。また、これらの種の多くは、おそらく直接人間の生活にはほとんど関係ないと思われる中で、維持しなければならない多様性の水準を決定する手法もない。このように、重要性は認識しつつも、具体的に何をどれくらいしなければならないのか分からない中で、生物多様性条約は交渉された。

この問題について一九五〇年代から主体的に取り組んでいたのは、国際自然保護連合（ＩＵＣＮ）[*21]だった。ＩＵＣＮは、国や政府機関、非政府機関が加盟している国際的な連合組織である。ＩＵＣＮは、設立当初から絶滅のおそれのある生物種のリスト作成を目指し、六〇年代に第一回目のレッドデータブックを公表していた。このＩＵＣＮが一九八〇年代から生物多様性条約の必要性を訴えるようになった。

ＵＮＥＰはＩＵＣＮからの要請を受け、条約作りを目指した。気候変動と同様、一九九二年六月の国連環境開発会議での署名というタイミングを目指した条約交渉となった。当初の草案の内容は、保全の色が濃く出たものであったが、自国の国土開発の障害となることを懸念する途上国側から強い反発があり、最終的にできあがった条約は、開発の権利など途上国の主張が反映されたものになった。生物多様性条約は一九九二年六月に採択され、翌年九三年に発効した。

条約の中で、締約国に求められている行動は、「国家的な戦略もしくは計画の策定」と「重要な地域・種の特定とモニタリング」となった。また、遺伝子の改変に関しては、「バイオテクノロジーにより改変された生物であって環境上の悪影響を与えるおそれのあるものの利用及び放出に係る危険」を規制するよう求めている。ところが、条約では、特に後者の問題、つまり遺伝子改変生物に対する具体的な措置は明記されていない。当時、この件に関して、遺伝子

＊21　International Union for Conservation of Nature.

改変を容認する米国と、慎重なEUとの間で意見が対立していたこともあり、一九九五年に開催された第二回締約国会議（COP2）にて、バイオセーフティに関する議定書の策定を目指した交渉を開始することが合意された。その後、五年間の交渉を経て二〇〇〇年に採択されたのがカルタヘナ議定書である。この議定書では、「生きている改変された生物（LMO）」が国境を越えて取り引きされる際の手続きを定めている。カルタヘナ議定書は二〇〇三年に発効した。[*22]

二〇〇二年、ハーグにて開催された生物多様性条約第六回締約国会議では、条約採択一〇周年を記念して、「締約国は現在の生物多様性の損失速度を二〇一〇年までに顕著に減少させる」という目標、いわゆる「二〇一〇年目標」を採択した。その後の会議では、同目標への取組状況を評価するための評価枠組みや、条約戦略計画の改定に向けた手順などを議論してきた。

二〇一〇年一〇月に名古屋で開催予定のCOP10では、二〇一〇年目標の達成状況の検証が重要課題のひとつとなる。また、特に途上国が重視している「遺伝子資源へのアクセスと利益配分（ABS）[*23]」も、進展が期待されるテーマとなっている。

5 地球環境保全を目的とした制度構築の理論

国際交渉を説明する

地球環境問題の解決を目指して国際社会が話し合い、条約や議定書に合意するまでの過程

*22 Bail et al 2002.

*23 Access to genetic resources and the fair and equitable sharing of benefits arising out of their utilization.

は、時間を要し、時には大幅に異なる意見の調整を乗り越えていかなければならない。しかし、それでは、そもそも国はなぜそのような苦労をしてまで協力しようと努力するのだろうか。近代国家が誕生して以来、国家は、その安全や発展を守るために、他の国家と紛争してきた。地球環境問題に関しても、条約を締結して自らその負担を請け負うよりは、他国に対策をまかせ、自国は思う存分経済発展した方が得なのではないか。

地球環境問題で国際協調がいかに成立するのかを考えるためには、まず、国際協調がなぜ目指されるのか、という点について自分なりの見方を明らかにしておく必要がある。ここで「自分なりの」としたのは、国際合意が成立する理由にはいろいろな説があり、どれかひとつが正しいという定説はないからである。[*24]

地球環境問題を解決しようとしている状態における複数国間の関係を見る場合、国が協力し合って双方の利益となるパターンを重視する新自由主義的な観方からの分析が主流である。このような観方では、地球環境問題は、すべての国にとって直接的あるいは間接的に被害を及ぼすのであるから、それを防ぐために他の国と協力して取り組むことは、双方の国にとって利益となり、その結果、国際協調が生じる、と考える。この場合、国家は合理的に行動する主体として仮定される。

レジーム、ガバナンス、規範、制度

このように、国益を守る手段として、紛争よりも協調に関心を注いだ研究が、一九八〇年代から急速に増えていった。そのなかで新しく登場した概念が、レジーム（regime）である。レジームとは、「国際関係の所与の範囲において、主体の期待するものが集約される、明瞭な、

＊24　O'Riordan et al 1998.

あるいは暗黙の原則、規範、規則、および意思決定手続きのまとまり」と定義される。[25]ここにおいて、レジームのなかには、成文化された条約のような国際法ばかりでなく、かつての貿易に関する一般協定（GATT）[26]のような緩やかな合意や、複数の国で共有している規範など成文化されていないものも含まれる。

レジームに関する議論は、国際関係論の領域において、一九八〇年代、多国籍企業の進出や貿易量の増大など国際政治経済問題が研究対象として脚光を浴びた時期にさかんに用いられるようになった。また、地球環境問題が国際政治の場で扱われるようになると、地球環境レジームといった言葉が用いられるようになった。[27]国の自主的な意思にもとづく国際協調を表す言葉として、レジームは便利な概念である。しかし、そもそもその定義が幅広い協調を意味しているため、レジームが存在しているか否かの判断がむずかしいという難点がある。

このような問題点について、信夫[28]は、今までの主要な地球環境レジーム研究を体系的にレビューした上で、新自由主義や制度論の意義と限界を明確にしている。そして、地球環境レジームを研究するためには、他の国際問題から生じた理論を借りてくるのではなく、独自の理論構築が必要であると結論している。

このようなレジーム論の問題点を克服するため、近年の研究では、レジームの形成過程や成立条件、レジームが安定し発展するための条件、国家がレジームに与える影響や、逆に成立したレジームが国家に与える影響など、レジームの機能の一部をより深く掘り下げたものが増えてきている。[29]

国家とレジームとの関係を明らかにする上で、レジーム形成時には、国家がレジームに与える影響が重要であるが、いったん形成されると、今度はレジーム自体が一種の主体性を持ち、

＊25　Krasner 1983.
＊26　General Agreement on Tariffs and Trade.
＊27　Porter and Brown 1991.
＊28　信夫　二〇〇〇。
＊29　阪口　二〇〇六。

国際社会や国家に影響を及ぼし始める。このように、国際的な組織や制度が、国際社会に秩序を与えている状態をガバナンス（governance）と呼び、その仕組みや効果をテーマとした研究が見られている。ローズノーによると、ガバナンスとは、秩序とその秩序を守ろうとする意図性によって構成されているという。[*30] ローズノーを援用してヤングは、レジームの役割を「政府なきガバナンス」としている。[*31] 太田と毛利は、一九九二年の国連環境開発会議以降の地球環境保全に向けた国際社会の動向を「グローバル・ガバナンス」という概念を踏まえて分析している。[*32]

他方、規範（norm）とは、行動の基準である。[*33] 国が国益の最大化を目指して合理的に行動すると考える現実主義では、国益が行動の基準となるため、規範の概念は重視されない。しかし、新自由主義や構成主義（constructivism）など国の協調関係に関心を持つ学派では、国の行動が、単純な便益のみならず、何らかの規範によっても決定されると考えることができる。つまり、たとえ経済的には見合わなくても、「環境を守るべきである」という価値観が多数の国に共通の規範となったときには、それが環境保全に向けた国際協調の原動力となるというのである。

地球環境問題に関連する交渉の場にいると、交渉者の判断に規範が作用していることが感じられる。それでは、どのようなときに、どのような価値観が規範として共有されるようになるのだろうか、というのがこの種の研究の課題となる。

また、制度（institution）に注目した研究もある。制度の定義も、定まったものはないために研究者によって異なるが、「制度とは、容易に認識される役割、および、それに伴う規則の集合、あるいはこれらの役割の相互関係を規定する協定によって構成された社会的慣習」という

＊30　Rosenau 1992.
＊31　Young 1994.
＊32　太田・毛利　二〇〇三。
＊33　Krasner 1983.

ヤングによる定義が知られている。[*34]

レジームと同様、制度も必ずしも成文化されている必要はないが、レジームと比べるとより判別が容易になる。条約事務局のような組織、条約のなかで定められたモニタリングや報告などの義務規則が「制度」の存在を判別する材料となる。これらの制度は、一度確立されると、自動的にその存在性を関係国に対して示すようになる。多くの場合は国の自主性は保たれるものの、制度にしたがうことが求められる。

最初は、互いに異なる意見を調整して合意可能な範囲で形成されるため、あまり影響力の強くない制度が合意されることが多い。しかし、その制度の下で情報交換や科学的知見の集積を続けることにより、信頼醸成や問題の認識が高められ、より拘束力の強い義務に関する合意が得られやすくなる。また、一度制度ができあがってしまうと、それを取り除こうとしても困難となる。ここでいう広義での制度は、国際法と比べて効果は小さいかもしれないが、長期にわたって影響を及ぼすといえよう。

以上、見てきたように、地球環境を守るための国際的な取り組みには、国際条約のように、文章にて各国の義務が明示されたものばかりでなく、より緩やかで広範囲なものも存在する。そして、その広範囲のものに着目した理論研究もさかんに行われている。しかし、ここでは、そうした国際協力のあり方の違いに関する理論研究の議論はひとまず終わらせて、国際法の役割についてよりくわしく見ていくことにする。

＊34　Young 1989.

6　国際交渉の経験をふまえた帰納的分析

解決が困難と考えられる問題であるにもかかわらず、実際にはどうにか地球環境保全を目的とした国際法への合意が達成されているのはなぜだろうか。その理由として、さまざまな理由をあげることができる。

モントリオール議定書交渉の経験から

オゾン層に関するモントリオール議定書交渉に参加し、その経緯を分析したベネディック[*35]は、モントリオール議定書が成功した理由として、次の点をあげている。

①　科学の役割――オゾン層が破壊されているという科学的知見が最も重要であるのは当然であるが、そのような理論や発見だけが大切なのではない。科学者が交渉の場に赴き、政策決定者とともに交渉に尽くしたことが重要であった。また、政策決定者が、科学的知見を理解することも大切なことであった。

②　知識の力と世論――政策決定者が交渉に積極的になり、産業界の反対を押し切るためには、世論の支持が欠かせない。オゾン層破壊の問題がマスコミによって一般の人々にまで周知され、関心をもたれることが、国を動かすのには重要であった。

③　国際機関の役割――オゾン層保護問題では、ＵＮＥＰが指導的役割を果たした。まだ各国がそれほど関心を示していない時期から、ＵＮＥＰが会議を開催するなどで世界の世論に訴え続けた。また、国際機関であるという中立的立場から各国の利害に配慮し、とくに

＊35　Benedick 1991.

途上国の意見が反映されるように気遣った。当時UNEPの事務局長であったトルバは、エジプトの科学者であったが、その個人的資質もUNEPの役割に影響を及ぼした。UNEPが単なる仲裁役ではなく、積極的に議論を引っ張っていったのは、彼の資質によるものである。

④　各国での政策とリーダーシップ――とくにアメリカのリーダーシップがオゾン層保護の問題では大きかった。アメリカは、国際条約ができる以前から国内でオゾン破壊物質の規制を導入した最初の国であり、その規制の方法がその他の国や議定書の参考となった。その他、ヨーロッパではドイツが国内の規制に動いたことが、ヨーロッパの同問題に対する態度を変えることにつながった。カナダやノルウェーも常に指導的役割を担っていた。

⑤　産業界グループおよび市民グループ――オゾン層保護問題では、両グループが交渉に積極的に関与していた。市民グループは、オゾン層破壊問題の重要性を世論に訴え、関心を高めた。また、産業界は、対策案の現実性を世論や政府に訴えた。オゾン層破壊物質の規制は、最終的には産業界の協力を必要とするものであるから、産業界の対策技術に関する情報は交渉に影響を及ぼした。

⑥　交渉過程そのもの――交渉に入る前に科学的および技術的ワークショップを開催し、知識を共有し、事実を確認できたことが、その後の交渉をスムーズに進めるのに役立った。

⑦　通常の国際法と異なり、モントリオール議定書は、柔軟性を持ち、ダイナミックな手段としての性質を持っている。つまり、いったん決定したらそれを固持するのではなく、今後の科学的知見の進展や経済的状況、技術発展などにより、より厳しい内容に常時改正していくということを前提とした議定書である。

京都議定書交渉の経験から

一方、オベサーとオット[*36]は、京都議定書交渉が無事、議定書採択に達した要因として、以下の三つをあげている。

①　リーダーシップの重要性――ここでの「リーダーシップ」は、効果的でかつ強固なレジームを作ろうとする強いアクターの意味で、具体的にはヨーロッパを指している。ヨーロッパは、議定書交渉期間中、常に厳しい削減義務を求め、議定書の内容を効果的なものにしようとした。

②　状況ごとの特殊な要因の重要性――この要因は、さらに、近代的な情報技術の役割、議長の役割、（交渉者の）疲労の重要性、の三つに分けられる。近代的な情報技術の役割としては、交渉会議期間中以外でも電子メールを用いて政策決定者が意見交換することにより、相互理解が高まったこと、会議期間中でも携帯電話を利用して連絡を取り合えたこと、インターネットや会議場のビデオ放映などで交渉プロセスが一般の人にまで広く公開されたこと、などが議定書交渉を進める上で重要な要素であった。また、議長の役割としては、エストラダ議長が、交渉を合意の方向に向けて推し進める力強いリーダーであった。この「京都のヒーロー」がいなければ、結果はかなり違っていたと考えられる。最後に、京都議定書が合意されたのには、政府代表団が疲れ切ったため、ということもある。気候変動枠組条約も、京都議定書も、夜通し交渉を続け、合意されるのは翌日の早朝であった。ここで何人かの交渉者は、疲労のために反対し続けることをやめてしまったと思われる。

＊36　Oberthür and Ott 1999.

③　地球社会におけるハイ・ポリティクス化――従来まで環境問題は、国際レベルにおいて、安全保障問題などの「ハイ・ポリティクス」よりも重要度の低い「ロー・ポリティクス」と考えられてきた。そのため、かつては外務大臣や国家主席は環境問題の国際会議などには参加してこなかった。しかし、京都議定書交渉では、橋本首相やクリントン大統領など、国のトップが深く関わっていた。

同じく気候変動レジームの形成過程を分析した沖村[*37]は、形成過程を、パワー（覇権国による国際公共財の提供）、利益（国益）、知識（科学者による知的情報）、交渉（交渉過程における国家以外の主体の役割の増大）、の四つの視角から検討している。そして、パワー以外の視角が有益な説明を与えていること、そして、とくに最後の「交渉」が、今までの国際交渉とは違う新しい視角として、今後も地球環境関連の国際交渉では重要になってくることを指摘している。

以上、国際交渉の経験から得られた三つの結論の共通点をまとめると、以下のような項目がとくに需要であると考えられる。

①リーダーシップをとる国の存在
②科学的知見や対策に関する情報の共有
③条約―議定書タイプの交渉手続き
④国際機関や議長などの個人の役割
⑤地球社会における地球環境問題への関心の高まり

それぞれが、国際関係論の研究において重要なテーマとなっている。それぞれについて、次にその意味を考えてみる。

＊37　沖村　二〇〇〇。

リーダーシップをとる国の存在

国際政治学の分野では、地球環境問題であるか否かに拘わらず、国際交渉の指導権をとる国の重要性を重んじたリーダーシップ研究が見られている。しかし、とくに、地球環境問題では、リーダーシップの重要性はさらに高まる。通常の国際問題の場合、交渉によって利益が得られると考えられる国が交渉を積極的に推し進めようとするのは当然である。しかし、地球環境問題の場合、どの国もある程度の費用を負担することによって地球あるいは将来世代の人間の便益を増やそうとするのだから、できれば自分の負担は最小限にとどめたいという思いが働く（第三章七節参照）。そのような種類の問題に取り組む際、どのような国がリーダーシップをとろうとするのか、また、そもそも何をもってリーダーとみなすのか、リーダー国の存在意義、といったことが研究課題となる。

しかし、リーダーシップの定義自体について、問題がないとはいえない。たとえば、気候変動問題では、ドイツやオランダなどがリーダーシップをとった国とみなされる場合が多い。たしかに、これらの国が最も厳しい削減目標設定を主張し、条約や議定書の目標値に影響を与えた。しかし、その後、オランダでは排出量は伸びつづけ、ドイツでも東西ドイツ統合という特殊事情のおかげで排出量が減っている部分が大きい（第四章二節参照）。このようにヨーロッパ諸国では言動不一致の場合も見受けられ、主張が環境保全に積極的であれば、実際に行動が伴わなくてもリーダーといえるのか、という疑問が呈せられる。逆に、アメリカでは、一九八〇年代に科学的知見を集めて気候変動問題への国際的関心のきっかけを作ったのはアメリカであるし、ＩＰＣＣの専門家の多くはアメリカ人で占められているのだから、アメリカがこの問題のリーダーシップをとっている、という主張も見られる。日本は、欧米間の調整に当たることでリーダーシップを発揮したという。地球環境問題に関する国際交渉におけるリーダーシップの意味や意義について、ヤングは、リーダーシップの種類を、構造的（資源や軍事力など、物理的な力が勝っていることにより発揮できるリーダーシップ）、事業的（対立する複数国の仲介役を務めるなど、交渉を合意に近づける過程で発揮するリーダーシップ）、知的（合意達成に資する分析データや規則などのアイディアを提供することにより発揮できるリーダーシップ）の三種類に分け、それぞれが交渉において重要な役割を果たしていると説明した。[*38] ウンダーダルも同様に、強制的、手法的、単一国的と、考え方は若干違うものの三種類に分類している。[*39] 蟹江はこれらの多様なリーダーシップを事例に当てはめ、地球環境問題に関する国際交渉においては、ある一国が強力なリーダーシップを発揮するというよりは、むしろ、多様な役割を担う国家がそれぞれ重要な役割を果たしていることを強調している。[*40]

科学的知見や対策に関する情報の共有

地球環境問題への取り組みにおいては、科学者からの情報がきわめて重要となる。そのため、ここで取り上げた三つのケースでは、いずれも、まずは科学者の集まる場の提供や、モニタリングなどデータ収集が行われている。その結果、ある状態が「問題である」ということが科学者によって示されて、はじめて政策決定者が対策を議論し始めている。

科学的知見と科学者の役割に関する研究については、それ自体が重要な研究テーマとなっているので、次の章（第四章四節）でくわしくみていく。

＊38 Young 1991.

＊39 Underdal 1994.

＊40 蟹江 二〇〇四。

枠組条約―議定書タイプの交渉手続き

ここで取り上げた三つの地球環境問題に対するアプローチは、すべて条約―議定書タイプであった。つまり、まずは問題が存在するということ自体に合意をして枠組条約を作り、その下で、より具体的な義務規定を求める議定書を作っていく方法である。環境関連の国際法がすべてこのような形であるということはなく、むしろ少ない方であるが、近年では、このアプローチが支持されることが多い。環境問題のように科学的に不確実なうちから何か予防的に行動をとらなければならないとされる問題に対しては、科学的知見の集積や対策技術の進歩の速度に応じて、柔軟に議定書を作成し、改正していくことができるという利点がある。

また、たとえ科学的知見が確実になったとしても、地球環境問題の多くが「総論賛成、各論反対」になりがちな性質を持っている。環境保全が望ましい点には異論がないが、環境を改善するためにある行動が求められたとき、その行動が困難なものであるほど、解決は困難になる。そのため、初めから国の行動まで要求するような国際法では合意が不可能と予想される場合、国際法がまったく存在しないよりは、問題の存在についてだけでも合意をしておく枠組条約が重要な役割を果たすのである。

気候変動問題に対処する方法を議論していた一九八〇年代後半においても、すぐに条約を作るのではなく、まず、気候変動だけでなく、オゾン層破壊や酸性雨などもすべて包括した「国際大気条約」のような条約を目指すべきという意見もあった。しかし、海洋に関して国際海洋法（UNCLOS）[*41]があまりにも多くのことを扱いすぎたために交渉に三〇年ほどかかり、一九九四年にようやく発効したという教訓をふまえ、海洋法以降の条約では、なるべく問題を単

＊41 United Nations Convention on the Law of the Sea.

純化して合意できる部分から合意していくというアプローチが好まれている。

議定書の用いられ方はさまざまで、長期越境大気汚染条約の場合にはSO_xの議定書、NO_xの議定書と汚染物質ごとに異なる議定書が作られている。オゾン層保護のためのウィーン条約では、モントリオール議定書だけが存在し、オゾン破壊物質が技術的に他の物質によって代替できるようになる見通しがたつたびに、議定書を改正している。気候変動については、京都議定書発効後の議論を見守る状況にある。このほか、生物多様性条約の下に作られたバイオセーフティーに関するカルタヘナ議定書のように、ひとつの条約の下にさまざまな目的がある場合に、そのうちのひとつの目的を取り上げるような議定書もある。

気候変動問題に関しては、気候変動枠組条約の下に、京都議定書という議定書が一つだけ存在する状況となっているが、今後の法形式のあり方にはさまざまな案が出ている。たとえば、途上国の排出量について何らかの数量目標を設定する交渉を始めようとした場合、条約の改正、京都議定書の改正、条約の下に新たな議定書の採択、という三つの方法が考えられる。それぞれに長所・短所があり、今後の進展が注目される。

条約―議定書アプローチは、評価されることが多い反面、問題点もある。第一に、合意できる部分から先に合意して条約や議定書を採択しようとするため、意見対立がある議題については、安易に先送りされる。条約ができたからといっても、ほとんど実質的な変革をもたらさない内容である場合がある。また、第二に、ひとつの条約や議定書が採択されても、次の議定書あるいは議定書の改正に向けた作業が延々と続くため、各国は、できるだけ過去の経緯をわかっている人を交渉者として残そうとすることである。その結果、交渉者の徒労感や、交渉者の個人的資質が交渉の結果に現れてしまうことがある。

総じて、条約—議定書タイプの交渉は、今後も環境関連の交渉では採用され続けると予想されるが、その運営の方法は、それぞれの問題特有の性質をよく知った上で進められることが重要である。

国際機関や議長などの個人の役割

ＵＮＥＰにおけるトルバ事務局長や、京都議定書交渉におけるエストラダ議長など、個人の役割の重要性が指摘された。実際に交渉に携わった人にとっては、主要なポストについている人物の影響の大きさが痛感される。しかし、それでは、あるポストにいた人物がＡではなくＢであったら、交渉はどのようになっていたのか、という疑問に対して、答えを出せる者はない。推測はあくまで推測であって、研究としてはむずかしいテーマである。そのため、この点については、合意を促進した要因としてあげられることは多いものの、それを分析の対象とした研究は少ない。

あえてあげるとすると、ゲーミング・シミュレーション（第三章七節参照）の参加者にいかなる人を採用するかによって、個人の資質を計ることは可能だろう。アルバイトの学生が被験者になった場合と、実際の政策決定者に協力してもらった場合とで結果が大幅に異なるようであれば、その差には個人の資質があるかもしれない。このような方法は、発想としては興味深いものの、実際には、政府の政策決定者に参加してもらう機会がないなど、現実的にはむずかしいところである。

地球環境問題への関心の高まり

そもそも各国がある状態を問題として認識しなければ、条約作成にむけた交渉は始まらない。環境問題への関心の高まりの背景には、地球環境そのものが劣化したことのみならず、その他のさまざまな理由が存在する（第一章参照）。今日の状況が今後いかに変化するかによって、国際世論の地球環境問題への関心は、遠ざかってしまう恐れもある。一〇年ごとにUNCEDやヨハネスブルグ会議のような大規模な国際会議を開催することは、国家間で新しい取り決めを結ぶだけでなく、地球環境問題への関心を持続させることに役立つ。

このように、国際世論の関心が地球環境に常に向いていることは理想的ではあるものの、世界には他にも重要な問題はたくさんあり、環境の議論ばかりしているわけにもいかない。そこで、より柔軟な考え方として、他の国際問題との関係を分析して、環境保全型の政策や国際合意が他の国際問題への取り組みと統合される方法を発展させる、というアプローチがある。これについては、第六章でくわしく扱う。

三つの事例から学んだこと

本章では、三種類の地球環境問題を例として取り上げ、国際条約・議定書の形成過程を見た。三つの問題はいずれも一国内にとどまらない性質の環境問題という共通点を持ってはいるが、それぞれが抱える課題は異なり、その結果、条約の交渉手続きも、その結果合意された国際法も、それぞれに違っていることがわかった。

酸性雨は地域レベルでの大気汚染問題であり、交渉に参加するのもその地域の関係国だけである。そして、今まではおもに先進国の問題であった。今後、酸性雨が途上国、とりわけアジア地域で深刻化してきた際に、今までの交渉のあり方からどのような点が学べ、どのような点を途上国として配慮しなければならないのか、ということが議論される必要があるだろう。

また、気候変動は、原因も結果も地球規模で対策が必要となる問題であり、原因となるCO_2などの温室効果ガスの排出が、今後は途上国で急速に増えていくことが予想されている。しかし、CO_2の排出抑制は、産業界の技術による対策のみならず、一般市民の生活にも影響を与えるということが、オゾン層破壊などとは異なる点である。このような特徴に対して、いかに取り組んでいくべきかが、現在の私たちに課せられた新たな課題である。

最後に、生物多様性問題は、多様性保全が人類全体にとっての利益になるという点では気候変動と共通点を持つが、多様性に関する科学的知見の不確実性の大きさ、あるいは、多様性の価値が一般の人々にとってわかりにくい点などにより、社会的に大きな関心事となりえていない。気候変動と比べると対策として求められる手段が、一般人の日常生活にさほど影響を及ぼさないという点も、同問題への世論の関心を高めにくい理由のひとつとなる。ただし、遺伝子組換など、経済的利益が伴う論点に関しては、関係者が強い関心を表明しているという点では、気候変動と共通する部分だろう。人々の関心を高めることが必ずしも迅速な問題解決につながらないという点も気候変動との共通点である。

7 分析手法を用いた演繹的分析

国際合意を説明する

地球環境問題が生じたときに、その問題解決に何が必要になるか。国際関係論でこの単純な質問について考える場合、異なった解答が異なった観方あるいは理論から生まれる。そして、地球環境問題の対策に関する研究も、研究者の持つ世界の観方によってとらえる枠組みが違ってくる。

ひとつの世界の観方は、国家間の基本的な関係を協調、あるいは相互依存としてとらえる観方である。先述の「レジーム」「ガバナンス」などの概念は、この種の世界観を前提としている。もうひとつの世界の観方は、国家間の基本的な関係を対立、あるいは争闘としてとらえる観方である。このような考え方によると、国は、自国の国益を最大化するように合理的に行動するため、地球環境問題が起きても、それに必要な対策が自国にとって有利にならなければ実行しない。環境汚染国にとって対策が当事国の便益とならなければ、環境汚染の被害国は泣き寝入りするしかない。あるいは、大国が何らかの便益を見込んで、世界全体の環境保全のために公共財を供給する覇権国としての役割を果たす。このように、各国が自国の国益を最大化する合理的行動をとる主体と仮定してその結果をみるゲーム理論やゲーミング・シミュレーションを用いた研究があげられる。そのほか、国の決定を定式化したモデル分析もある。ここでは、特定の手法を用いて地球環境問題に関する国際合意の研究を紹介する。

ゲーム理論

地球環境問題をゲームに例える際、例としてあげられるのが「囚人のジレンマ」である。ここでは、共同で罪を犯したと疑われている二人の囚人が別々の牢屋に入れられ、取り調べを受けている。そして、囚人は次のような選択を迫られる。

――二人の囚人が両方とも罪を自白しなければ、罪は完全には確定できないため、最小限度として二年間牢屋に入れられる。逆に両方とも自白すれば、罪が確定するために八年牢屋に入れられることになる。ただし、片方だけが自白した場合には、自白した方の囚人は自白したことに対する報酬として一年で釈放、自白しなかった方はその罰として一〇年拘束される。これら囚人A、Bの便益のマトリクスを書くと表3―1のようになる。

二人の囚人にとって最もよい結果は、双方が自白しないパターンである。しかし、互いに連絡が取れない場合、相手が自白してしまうのでは、という心配が生まれる。そして、結果としては、双方とも自分にとっての最悪のケースを回避しようとして双方が自白することになる。

地球環境問題に対する国の態度もこれに似ているといわれる。隣接する国AとBがあり、双方が環境汚染物質を排出しているために環境問題が起きてしまっているとする。そのときに、最もよいのは、双方の国が対策をとって環境が改善されるケースである。しかし、対策には費用がかかるのでできればやりたくない。隣の国が対策をとってくれれば、その分自国へ飛んでくる汚染も減るので隣の国の対策は自国のメリットとなる。その結果、どちらの国も隣国の対策に期待し、対策をとらないというケースに陥ってしまうということである。

もちろん、実際には、国同士の間で会話が成り立ち、またゲームも一回きりではなく繰り返

表3－1　囚人のジレンマ

		囚人Aの選択	
		自白しない	自白する
囚人Bの選択	自白しない	A：2年 B：2年	A：1年 B：10年
	自白する	A：10年 B：1年	A：8年 B：8年

して行われるため、単純に囚人のジレンマを当てはめるのは適切ではないが、地球環境問題における国の関係の最も根本的な部分を解明する理論として、ゲーム理論はさまざまな環境問題をテーマに用いられている。とくに、地球環境問題のなかでも、隣国に被害を与えやすく、その原因が国の経済活動と結びついている大気汚染関連の問題が、ゲーム理論を用いた研究の対象となりやすい。

フィンランドとソ連との間の酸性雨問題を二国間、非協力ゲームで示したタボネンら[*42]や、二国間で最終的に均衡する汚染物質排出量をナッシュ均衡解から導くことを試みたホール[*43]の研究では、対策の便益分も含めて、ある程度の対策が行われる状態を証明している。さらに近年では、環境問題の世代を超えた被害や、交渉過程の国の対応の経年的変化などを考慮した、動的な要素を取り入れた研究成果も出されるようになった。マーティンら[*44]は、気候変動による被害の大きさが異なる二国を想定した非ゼロサムの繰り返しゲームを展開し、二国が対策に応じた場合、気候変動の影響の少ない国の削減量が少なく、被害の大きい国が肩代わりをするという結果を示した。

一方、協力ゲームを想定したバレット[*45]の研究では、シャプレー値から気候変動対策に際して国際間の所得の移転（Side Payment）を算定し、いずれも十分な援助や確固たる制度なしに問題の解決に向かうことは困難であることが示された。

このように多くの研究成果が発表されているにも拘わらず、この大部分は、環境変化に伴う被害が不確実であるとして、費用だけを中心に定式化されているものや、仮説の理論的証明にとどまり十分な実証分析がなされていないもの、あるいは、国家間の協調が困難であることを示した場合には、協調にいたるための施策に関して考察されていないものであった。そのた

*42 Tahvonen et al 1993.
*43 Hoel 1991.
*44 Martin et al 1993.
*45 Barret 1992.

め、理論的には価値が認められたものの、気候変動問題におけるさまざまな国の事情の示唆や、合意に向けた方策の検討は十分に行われていなかったといえる。

以上の問題点を克服し現実性を重視した分析としてあげられるエアースとウォルター[*46]の研究では、気候変動による影響の経済的価値の算定と、ＯＥＣＤのＧＲＥＥＮモデルによる対策費用の計算結果を利用し、協力ゲームで一二地域間の排出削減量の割り当てを比較した実証分析を行っている。この際、その一二地域間の一人あたりＧＤＰの差を、公平性を考慮するためのウエイト付け係数として導入し、より合意が得られやすい排出量の解を求めているところが、独創的な部分として評価できる。

さらに、オゾン層破壊問題では、スプリンツとヴァトランタ[*47]がオゾン層保護の便益と対策費用の相対的大きさによって推進者、中間者、消極派、傍観者の四タイプに国を分けることができるとして、実際の交渉過程と照合してみせた。このような簡単な分析であっても国家間の関係を客観的に把握する手法としては有益であるといえる。

モデル分析

ゲーム理論を用いた研究は、国の根本にある動機を知る上で、非常に重要である。しかし、ゲーム理論でおかれる前提条件と現実のギャップは広く、そのギャップをせばめようとする（たとえば、国の政治力や発言力が平等に備わっているわけではなく、超大国と小国の発言力は違う、あるいは、すべての国が同じ情報量を握っているわけではない、など）ほど、ゲームの定式化は複雑になり、解が出ない、あるいは定式化する時点で研究者の世界の観方が入ってしまい客観性が損なわれる、といった問題点もある。

＊46　Ayres and Walter 1991.

＊47　Sprinz and Vaahtoranta 1994.

このような問題点の克服を目指して、国の意思決定をより複雑な定式で表わし、モデルを用いて合意の可能性や合意の条件を検討しようとしている研究がある。スプリンツらの研究では、国際合意の条件や、合意にいたって発効した国際条約の環境保全効果の評価手法として、モデルの利用を勧めている。[*48]

ゲーミング・シミュレーション

国の行動を予測することを目的とした研究手法として、ゲーミング・シミュレーションがある。これは、実際に人を実験に用い、各人が「国」になりきり、与えられた損益に関する情報の下で行動を決定するのを観測する方法である。このようなシミュレーションにより、相手の行動が不確実な下で複数の主体が意思決定していく過程を追うことができる。その反面、このようなシミュレーションを行うには、多くの費用がかかることもあり、そう多くの研究成果が得られているわけではない。この種の研究については、パーソンとワード[*49]にまとめられており、それによると、今まで以下のような研究が実施されている。

一九九〇年には、ストックホルム環境研究所（ＳＥＩ）[*50]が主催して、二五名の環境政策の専門家を招待し、二〇五〇年までの気候変動のシナリオに関していかに各国が対策を進めていくかということを知るためのシミュレーションを実施した。ここではモデルは使用していない。オランダの国立公衆衛生環境研究所（ＲＩＶＭ）[*51]では、国内の意思決定モデルや国際レベルの気候変動モデルなどいくつかのコンピュータモデルを駆使し、それらのモデルの結果を所与として被験者に政策決定してもらうという実験を何回か行っている。また、オーストリアにある国際応用システム研究所（ＩＩＡＳＡ）[*52]では、二五名の専門家を四つのチームに分け、二〇〇

＊48　Sprinz et al 2004.

＊49　Parson and Ward 1998.

＊50　Stockholm Environment Institute.

＊51　Rijksinstituut voor Volksgezondheid en Milieu.

＊52　International Institute for Applied Systems Analysis.

五年から二〇二〇年までのシナリオをコンピュータモデルで与えて、対策の選択を各チームにさせるという方法をとった。

いずれのシミュレーションの結果からも導出された結論は、気候変動問題は、各国の合理的な自由意思だけにまかせていたら、たとえ、気候変動の悪影響に関する科学的知見が明らかになっていたとしても、解決しないということである。最初はどの国も、自分がやると言わなければ他国も動かないと予想してある程度の参加はするが、いったんいくつかの国が本気で取り組み始めると、徐々に、自国の利益を優先しがちな国からぬけていってしまう。この結果は、残念ながら、京都議定書に対する現在のアメリカの状況を的確に表しており、これに対する対処方法は、簡単には見つからない。削減目標を定めた国際合意の存在の他に、対策費用を下げる、あるいは新たな技術開発を支援するための制度構築が必要であるということが指摘されている。

シナリオプラニング

将来を予測するためのもうひとつの手法がシナリオプラニングである。これは、研究対象となる分野の専門家にインタビューを重ね、将来最も起りそうなシナリオを積み上げていく方法である。将来に対してなんらかの政策を提言する場合、そもそもこのまま放置したままでいたら、将来がどうなるのかという「なりゆきシナリオ（ＢａＵ）[*53]」を作成し、このシナリオに対策を講じることによって変化した後のシナリオが「対策シナリオ」となる。そして、二つのシナリオの差が、対策の効果と呼ばれることになる。つまり、対策の効果を議論する際、シナリオの書き方が重要になってくるということだ。シナリオの書き方には手順があり、シュワルツ[*54]

＊53　Business as Usnal.

＊54　Schwartz 1991.

などが作為的にならない手法を提示している。

参考文献

石弘之　一九九二『酸性雨』岩波新書。

沖村理史　二〇〇〇「気候変動のレジームの形成」信夫隆司編『地球環境レジームの形成と発展』国際書院、一六三―一九四頁。

太田宏・毛利勝彦編　二〇〇三『持続可能な地球環境を未来へ――リオからヨハネスブルグまで』大学教育出版。

蟹江憲史　二〇〇四『環境政治学入門』丸善。

阪口功　二〇〇六『地球環境ガバナンスとレジームの発展プロセス――ワシントン条約とNGO・国家』国際書院。

信夫隆司　二〇〇〇「地球環境レジーム論」信夫隆司編『地球環境レジームの形成と発展』国際書院、一一―六七頁。

富永健・唐沢正義・鈴木克徳・石川延男・森田昌敏　一九八九『フロン――世界の対応、技術の対応』日刊工業新聞社。

Arrhenius, S. 1896 On the Influence of Carbonic Acid in the Air upon the Temperature of the Ground. *Philosophical Magazine* 41: 237-276.

Ayres, R. and J. Walter 1991 The Greenhouse Effect: Damages, Costs and Abatement. *Environmental and Resources Economics* 1, pp.237-270.

Barret, S. 1992 *Convention on Climate Change: Economic Aspects of Negotiations*. Paris: OECD.

Bail, C., R. Falkner and H. Marquard eds. 2002 *The Cartagena Protocol on Biosafety: Reconciling Trade in*

Biotechnology with Environment & Development. London: Earthscan.

Benedick, R. 1991 *Ozone Diplomacy*. Cambridge: Harvard University Press.

Bodansky, D. 1993 The United Nations Framework Convention on Climate Change: A Commentary. *Yale Journal of International Law*, Vol.18: pp.451-558.

Gould, R. 1985 *Going Sour: Science and Politics of Acid Rain*. Cambridge: Birkhauser Boston.

Grubb, M., C. Vrolijk and D. Brack 1999 *The Kyoto Protocol: A Guide and Assessment*. London: The Royal Institute of International Affairs, Earthscan.

Hanf, K. and A. Underdal (eds.) 2000 *International Environmental Agreement and Domestic Politics: The Case of Acid Rain*. Aldershot: Ashgate Publishing.

Hoel, M. 1991 Global Environmental Problems: The Effects of Unilateral Actions Taken by One Country. *Journal of Environmental Economics and Management*, No.20, pp.55-70.

Intergovernmental Panel on Climate Change (IPCC) 2007 *Contribution of Working Group I, Ⅱ and Ⅲ to the Fourth Assessment Report of the Intergovernmental Panel on Climate Change*. New York: Cambridge University Press.

Krasner, S. 1983 *International Regimes*. Ithaca: Cornell Univeristy Press.

Liefferink, D. 1997 *The Making of European Environmental Policy: The Netherlands, the EU and Acid Rain*. Manchester: Manchester University Press.

Macneill, J., P. Winsemius and T. Yakushiji 1991 *Beyond Interdependence*. New York: Oxford University Press.（日米欧委員会日本委員会訳　一九九一『持続可能な成長の政治経済学』ダイヤモンド社）

Martin, W., R. Patrick and B. Tolwinski 1993 A Dynamic Games of a Transboundary Pollutant with Asymmetric Players. *Journal of Environmental Economics and Management* 24, pp.1-12.

Mintzer, I. and J. Leonard (eds.)　1994 *Negotiating Climate Change: The Inside Story of the Rio Convention*. Cambridge: Stockholm Environmental Institute, Cambridge University Press.

Oberthü, S. and H. Ott 1999 *The Kyoto Protocol: International Climate Policy for the 21st Century*. Berlin: Springer.

O'Riordan, T., C. Cooper, A. Jordan, S. Rayner, K. Richards, P. Runci and S. Yoffe 1998 Institutional Frameworks for Political Action. in S. Rayner and E. Malone (eds.), *Human Choice and Climate Change: vol.1 The Societal Framework*. Columbus: Battelle Press, pp.345-439.

Parson, E. and H. Ward 1998 Games and Simulations. in S. Rayner and E. Malone (eds.), *Human Choice and Climate Change*: vol.3 *Tools for Policy Analysis*. Columbus: Batelle Press, pp.105-139.

Porter, G. and J. W. Brown 1991 *Global Environmental Politics*. Boulder: Westview.（第一版：信夫隆司訳　一九九三『地球環境政治』国際書院。第二版：細田衛士　一九九八『地球環境政治』有斐閣）

Rosenau, J. 1992 Governance, Order and Change in World Politics. in J. Rosenau and Ernst-Otto Czempiel (eds.), *Governance Without Government: Order and Change in World Politics*. Cambridge: Cambridge University Press, pp.1-29.

Schwartz, P. 1991 *The Art of the Long View*. New York: Doubleday.

Sprinz, D. and Y. Nahmias-Wolinsky 2004 *Models, Numbers, and Cases: Methods for Studying*. Chicago: University of Michigan Press.

Sprinz, D. and T. Vaahtoranta 1994 The Interest-based Explanation of International Environmental Policy. *International Organization* Vol.48 No.1 Winter, pp.77-105.

Tahvonen, O., V. Kaitala and M. Pohjola 1993 A Finnish - Soviet Acid Rain Game: Noncooperative Equilibria, Cost Efficiency, and Sulfur Agreement. *Journal of Environmental Economics and Management* 24, pp.87-100.

Underdal, A. 1994 Leadership Theory: Rediscovering the Arts of Management. in *International Multilateral Negotiating: Approaches to the Management of Complexity*. IIASA/ Jossey-Bass, San Francisco, pp. 178-197.

Wilcher, M. 1989 *The Politics of Acid Rain: Policy in Canada, Great Britain and the United States*. London: Avebury.

Young, O. 1989 *International Cooperation: Building Regimes for Natural Resources and the Environment*. Ithaca:

Cornell University Press.

Young, O. 1991 Political Leadership and Regime Formation: On the Development of Institutions in International Society. *International Organization*, Vol. 45, No.3, pp.282-308.

Young O. 1994 *International Governance: Protecting the Environment in a Stateless Society*. Ithaca: Cornell University Press.

ズームアップ・コラム

ＩＰＣＣとは何か？

ＩＰＣＣ（気候変動に関する政府間パネル Intergovernmental Panel on Climate Change）とは、一九八八年に設立された組織である。その目的は、気候変動に関する研究に従事している研究者を世界中から招致し、気候変動に関する最新の知見をまとめて、交渉に役立てることにある。対象となる範囲は気候変動現象のメカニズムからその影響、対策方法までと広く、関連した既存の文献をまとめて報告書を作成するのがおもな作業となる。

一九九〇年の第一回評価報告書をはじめとして、今までにほぼ五年ごとに三回の評価報告書を提出している。評価報告書作成にあたっては、ＩＰＣＣのなかに三つの作業部会を設け、それぞれ個別の報告書を作成する。最新の第三回評価報告書では、第一作業部会は気候変動の現象解明にあたった。気候変動が今まで実際にどれくらい生じているか、その変動はいかなる要因によって生じているのか。そして今後はいかなる予測ができるか、といった問いに答える。第二作業部会は、気候変動の主要な影響を担当した。第一作業部会の結論を受けて、それでは今後、気候変動が生じると、地球上の各地域にいかなる影響が生じるのか。降雨量、農作物への被害、海面上昇、氷河の融解、などを扱う。第三作業部会は、気候変動対策を担当した。気候変動を最小限に抑えるためには、いかなる方法があるのか、また、それにはどれほどの経済的費用がかかるのか、それらの費用はどのようにして負担配分されるべきか、などといった問いに答える。

それぞれの作業部会の報告書が非常に分厚いものになるため、一般にはなかなか読まれない。そのかわり、各報告書には「政策決定者のための要約」が作成され、その要約を読めば、概要はつかめるようになっている。ただし、報告書本文のなかでさまざまな異なる結論を出している文献をあげた後に、結果として要約にまとめるのは容易ではなく、その過程においてどうしても政治的判断が入ってきてしまう。これはＩＰＣＣで常に議論になっているところである。

また、五年ごとの評価報告書のほかに、必要性に応じて、特別報告書や技術報告書が作られる。これらの報告書は一、二年という短時間で作成され、おもに、条約や議定書の交渉に必要な情報として報告書作成が交渉サイドから依頼されることになる。

第4章　国の決定を説明する

ドイツが環境対策に積極的だったり、日本が積極的になれないように見えたり。同じ「国」でもどうして態度が異なるのだろうか。国の中の動きに焦点をあわせることにより、国の行動を説明する。

この章で学ぶキーワード

◎政策（意思）決定過程
◎比較政治学
◎専門家集団
◎言説
◎環境保護団体（環境ＮＧＯ）

1　「国」と「国内」との関係

第一章から三章まででは、国際社会における国を単一の行動主体として仮定して論じてきた。つまり、あたかも「国」が一人の人間と同じように、意思決定を実施する主体であるかのように扱ってきたということである。このような仮定は、国際関係を説明するのに最も便利であるし、ウエストファリア以降の近代国民国家が成立した国際社会を扱う国際関係論の基本スタンスともいえる。

しかし、実際には、国は、決してひとつの行動主体ではない。国内で多くの人が集まり、議論し、その結果として「国」としての意思決定が観察されるのである。「国」を行動主体として見る観方と、国内の人々の集合体として見る観方のどちらが、より国の決定を説明するのに適切なのだろうか。この疑問は、国際関係論のなかで長い間取り上げられてきた。どちらがより適切に現実を説明する、という論争もあるが、研究アプローチとしてより健全なのは、それぞれの仮定を前提とした研究を両方とも実施して、その結果を比較検討して互いに補足し合う方法だろう。重要なのは、この二つのアプローチを混在させないことである。たとえば、その先駆的研究として知られているアリソンの研究では、キューバ危機におけるアメリカの対応を、合理的行動主体、組織的行為、政府内政治の三種類のモデルで説明し、それぞれのモデルの妥当性を訴えている。[*1] 地球環境問題における国の意思決定においても、このような分析方法は有用だ。

さらに、地球環境問題を研究の対象とする場合には、国以外の行動主体に注目する方法がますます重要となってきた。かつて国際関係論が扱った国際問題の多くは、軍拡競争や核抑止といった、軍事問題に関わる問題であった。このような問題では、国際交渉に携わるのも国の決定に携わるのも、少数の政府関係者のみである。その交渉のなかでの議論の内容や、用いられた資料は一般には公表されにくい。しかし、地球環境問題においては、国際交渉の場に、政府代表団以外にも多くの人々が参加する。国の決定においても、国内のさまざまな主体が参加する。議事録や資料は、インターネットで誰でも見られるようになっている。このように、現実の決定手続きが違った方法で行われることから、それを説明する理論も新たな枠組みが求められる。

*1　Allison 1962.

このような新たなタイプの決定に則した研究として、国以外の主体の役割に注目する研究が数多く見られるようになった。その方法には大きく二つある。

①　国という単位を中心として残しておきながら、国際レベル、国レベル、国内レベルという三つの異なる分析レベルの間の関係に注目する方法。その先駆となった手法が、パットナムの二レベルゲーム分析である[*2]。[*3]パットナムは、交渉担当者が国際レベルで他の国との交渉において最低限許容できる範囲と、国内の関連主体が最低限許容できる範囲の二つが重なる範囲が交渉妥結範囲であるとして、交渉の合意点を単純なモデルで表わした。

②　国という単位を撤廃し、国以外の主体の行動そのものに着目する多元主義的方法[*4]。国際問題のなかでも、地球環境問題ではとりわけ国以外の主体の役割が重要であるという現実が先立ち、このアプローチが近年よく見られるようになった。たとえば、多国籍企業や環境保護団体の分析がこれに当てはまる。これらの主体は、国内で活動することにより国の決定に影響を与えるのみならず、国際交渉会議で議席を持つなど、国と同等の扱いを受けることもある。したがって、このような主体の役割を分析する際には、国の中か外かということが重要ではなくなる。このような観方は、主権の侵食[*5]とも呼ばれる[*6]。

本章では、右記の分類に合わせて、前半では国を単位とした研究、後者では、それ以外の主体に注目した研究を紹介する。前半では、例として、再度、気候変動問題を取り上げ、同問題に対する複数の国の国内意思決定過程の概要を見る。そして、そこから先進国の意思決定について共通点や相違点をあげる。

ある特定問題に対する複数国の意思決定過程の比較は、国際関係論よりは比較政治学の分野を中心に行われているため、ここでは、比較政治学分野での研究動向を紹介する。

＊2　two-level game.
＊3　Putnam 1988.
＊4　pluralistic
＊5　erosion of sovereignty.
＊6　Litfin 1998.

後半では、国以外の主体の役割に関する研究を紹介しつつ、その特徴をあげていく。ここでは、政治的指導者、科学的知見（科学者）、企業、環境保護団体、国際機関を取り上げる。地球環境問題における国以外の主体の役割は、二つある。ひとつは国内レベルでの政策決定における役割である。これは、地球環境問題にかかわらずあらゆる国内問題に関係する役割であるが、地球環境問題という国際問題における国の行動が、国内主体によって規定されているということで、先述の①の概念に近い。他方、二つめの役割は、国際交渉における役割である。環境保護団体や産業界などは、国の政府代表と同じステータスで国際会議に出席し、発言が許されている場合がある。このような場合には、これらの主体は最早、国内主体ではなく、国を超えた主体であり、先述の②の概念に近い。本章では、その両方の役割について議論していく。

2　気候変動問題に対する日本・アメリカ・ヨーロッパの対応

気候変動問題を取り上げる理由

さまざまな地球環境問題のなかでも、気候変動問題は、すべての国にとって共通の問題であるために、国家間の比較分析の対象となりやすい。同問題に対する取り組みは、近年急に進展していることから、資料が入手しやすく、まとまった研究成果が得られやすいということもある。ここでは、気候変動問題に関して主要先進国がどのような国内の手続きによって意思決定を行ったのか、という点に焦点をあてる。また、そのときにどのような国内主体が関わったかという点についても概観する。このような作業により国際条約が各国のいかなる動機によって

か合意できていないか、という点についても理解を深めることができる。[*7]

決定しているかを、より正確に把握できる。また、条約がなぜ問題解決には不十分な内容でし

日本

背景

日本では、一九五〇、六〇年代、いわゆる四大公害をはじめとする大気汚染や水質汚濁により、人命が奪われるほどの多大な被害が発生した。しかし、一九七〇年代以降、公害の克服に向けて必要な法規制を整備するなど真剣に取り組んだ結果、一九八〇年代には、環境の質は概ね改善されたという認識が広まるまでに回復した。そのため、環境問題は過去のこととして人々の関心は薄れてしまった。また、七〇年代の二回の石油危機をおもに省エネで乗り切ったことから、先進国の中でもエネルギー効率の高い技術を誇る国となり、一九八〇年代は、その高い達成度に安住するようになった。

しかし、一九八〇年代後半になると、海外でさまざまな地球環境問題が政治の議題に取り上げられるようになった。オゾン層破壊や酸性雨など、国際レベルで議論がなされるようになると、日本も関心を持たざるをえなくなってきた。また、一九八〇年代は、円高や好景気の結果、日本が世界の経済大国としての地位を確立した時期でもあった。世界の大国の一国として、先進国サミットなどにも参加するようになると、大国としての役割を果たすことが海外から期待される。とくに、途上国支援のあり方として、アジア地域での日本の役割の再考を迫られることになった。

＊7　Evans et al 1993; Kawashima 1997; 2000.

気候変動問題への取り組み——一九八〇年代から一九九二年

一九八〇年、政府内では、環境庁長官の私的懇談会として「地球的規模の環境問題に関する懇談会」が発足し、初めて地球環境問題に対する政策を議論する場が誕生した。その後、海外において、地球環境問題のなかでもとりわけ気候変動問題が注目されるようになるにつれ、一九八八年に設置された「地球温暖化問題に関する検討会」では、行動に向けた指針作りなどが提言された。しかし、この時期には、この年に設立されたＩＰＣＣは日本では注目されず、これに参加した日本の研究者は数えるほどであった。

翌年一九八九年には「地球環境保全に関する関係閣僚会議」が開催され、環境庁のみならずすべての関係各省庁が地球環境問題に対応する基盤が作られた。これにより、日本が地球環境問題全般に積極的に取り組むことが政府内で確認された。しかし、気候変動問題におけるCO_2排出量の目標値設定については、困難な状態が続いた。一九八九年のノルトヴェイク会議では、ヨーロッパが主張した「二〇〇〇年までに九〇年レベルで安定化」といった目標設定に反対した。日本は他の先進国と比べても省エネが進んでいるために、「一九ＸＸ年からＸ％」といった同割合での削減目標は日本にとって不利というのがその理由であった。

しかし、翌年、ヨーロッパ諸国が相次いで排出量の国家目標を設定し始めたのを見て、日本政府内でも国家目標としてのCO_2排出量の目標値を設定すべきだという意見が強まった。目標値の設定に関する作業には、おもに環境庁と通産省、資源エネルギー庁が関わった。これらの省庁は、それぞれ将来の排出量予測や、排出量削減の可能性、それに必要な政策、などについて意見を異にしたが、最後には、これらの意見を両論併記するかたちで決着がついた。この結果、一九九〇年一〇月には、「二〇〇〇年までに一人あたりCO_2排出量を一九九〇年レベルで安定化、さらに技術革新が進展すれば総排出量を安定化」という目標を掲げた地球温暖化防止行動計画が公表された。行動計画作成の間、国内の産業界や環境保護団体から政府への働きかけはほとんど見られなかった。その最大の理由としては、まだ当時、国内で気候変動がそれほど関心を呼んでいなかった点があげられる[＊8]。

一九九一年に入り、条約交渉が開始されると、日本は、目標値の設定には基本的に賛成であったが、アメリカの意向に留意した。アメリカは世界の総CO_2排出量の二割以上を排出している国であるから、ヨーロッパの主張するような厳しい目標値が条約に規定されたとしても、アメリカがその条約に批准しなければ、気候変動は解決しない、というのが日本の立場であった。各国で自主的に実現可能なレベルの目標を定め、後でその到達度をチェックするという「宣誓及び評価」[＊9]案を提案したが、これは、目標値設定を主張するヨーロッパ諸国と、それに反対するアメリカの双方を取り持つことを目的とした提案であった。この案はその後取り上げられることは少なかったが、日本は、欧米間の妥協点を見出そうと努めた。

条約のなかに何らかの目標を設定すること、ただし、その目標は法的拘束力を持つものではなく、追求すべき目的として扱う条約の最終合意文は、日本にとっても最も望ましい結果であった。一九九二年、リオ・デ・ジャネイロでのＵＮＣＥＤの開催により日本国内で地球環境問題への関心が高まり、ちょうどその時に署名された気候変動枠組条約の存在についても、国内で知られるところとなった。

京都議定書交渉

一九九四年に条約が発効した後、日本では地球環境問題への関心がさらに高まる。また、外

＊8　Fermann 1992.

＊9　Pledge and Review.

交政策、とくにアジア地域における国際貢献のあり方の中で、環境問題の位置付けが重視されるようになる。一九九五年に開催されたＣＯＰ１では、日本は、ＣＯＰ３あるいはそれ以降の締約国会議を招致する考えがあると公表した。日本が招致に関心を持った理由としては、いくつか考えられる。まず、国内の世論をさらに高めることである。いくら地球環境への関心が高まったといっても、一般的にはわかりにくい話である。国内で大規模な会議を開くことによって、新聞に毎日取り上げられれば、関心を持つ層も増え、気候変動政策への理解も得られやすくなるだろう。また、外交面としては、地球環境問題に関する大規模な会議を招致することにより、環境に積極的な日本という存在をアピールする目的がある。さらには、国連での常任理事国入りを狙ったものではないか、という推測も聞かれた。

ＣＯＰ３を招致するということは、議定書の採択に関してホスト国としての責任を持つということでもあった。政府内では、環境庁と通産省がこの問題に関する国際交渉を主に担当していたが、日本で経験したことのない規模の国際会議を招致するということで、外務省が積極的に関与するようになった。産業界も、厳しい目標値が設定された時の経済的影響を考え、条約交渉の時と比べて数段、高い関心を持つようになった。また日本の環境保護団体は、複数の環境保護団体をまとめた気候フォーラムという新たな組織を結成し、政府に対して積極的に提言していくようになった。

日本は、条約交渉の時と同様、アメリカが支持しない議定書でなければ認められないと考え、アメリカの動向に配慮した。ヨーロッパがヨーロッパ連合としてひとつの交渉主体となり、それ以外の国が通称ＪＵＳＳＣＡＮＮＺ（非ＥＵ主要国の頭文字をとっている）と呼ばれるグループで意見交換をしていたこともあり、アメリカの主張を重視する結果となった。

ホスト国としては、できるだけ気候変動抑制に効果のある議定書案を出したいところだったが、先進国のなかでも省エネが進んでいるという認識を持ち、一九九〇年を基準とした場合の削減は、他の先進国と比べて困難と考えられていた。排出量の削減目標案に関してようやく一〇月に事務局に提出した案では、マイナス五％削減を基本としつつ、一九九〇年のGDPあたりの排出量が先進国（正確には旧ソ連なども含めた附属書Ⅰ締約国）平均よりも少ない国、一九九〇年の一人あたりの排出量が先進国平均よりも少ない国、一九九〇年から一九九五年までの人口増加率が先進国平均よりも高い国については、ある程度考慮されるという内容であった。このような案であれば、日本はGDPあたりの排出量が少ないので考慮され、アメリカは人口増加率が高いのでやはり考慮されることになる。[*10]

交渉の最終局面では、目標数値以外の検討課題で、数量目標に影響を与える前提条件そのものが、目まぐるしく変化していった。たとえば、対象とする温室効果ガスとして、CO_2だけでなく、CH_4やN_2O、そしてハロロフルオロカーボン（HFC）類、パーフルオロカーボン（PFC）類、六フッ化硫黄（SF_6）という微量ガスが含まれた。また、排出量取引や共同実施、クリーン開発メカニズムといったいわゆる京都メカニズムが検討され、自国以外の場所での削減を自国の削減分として推計することが可能となった。さらには、植林や森林の伐採といった吸収源の増減も算定に含まれることになった。そのために、国内のCO_2排出量だけにもとづいて提案した数値からは離れた交渉に展開した。政府内では、産業部門の排出量はほとんど減らせない、という意見と、生産や消費の構造を変えることにより削減は達成可能という意見、そして、ヨーロッパ連合のみならずアメリカが七％や八％といった削減目標を認めかけているのに、日本だけが低い数値を出したら交渉は決裂するだろう、という意見が出された。最終的に

＊10　竹内　一九九八：田邊　一九九九。

は、当時首相であった橋本首相の判断もあり、三条三項の他に四項で吸収量の算定量を拡大する可能性を確保した上で、六%削減に合意した。

京都議定書採択後

議定書採択後、日本は、国内で批准に必要な作業を進めるとともに、国際面では、議定書が早期に発効するよう各国の利害調整にあたることとなった。国内では、一九九八年には、COP3直後に総理官邸を中心に設置された地球温暖化対策推進本部により、六%削減の目標の達成方法に関して、地球温暖化対策推進大綱が公表された。それによると、エネルギー起源のCO_2排出量を伸び〇に抑え、CH_4などの排出量を五%削減、技術革新などによる削減が二%、森林吸収による削減が三・七%、代替フロンなどの排出量が二%は増加してしまうが、残りを京都メカニズムで一・八%分を調達すれば、六%が達成されることになる。

この内訳は、国際交渉でまだ決定できていない、いくつかの要件を前提条件としていた。まず、京都メカニズムが確実に使える保証が必要だった。また、森林などによる吸収量に関し、京都議定書の三条三項で認められた限定的な植林などの活動に加えて、三条四項で今後の交渉次第で認められうる林業などの活動が、二〇〇八〜二〇一二年の排出量の算定のなかで正式に認められる必要があった。最後に、京都議定書では、先進国が排出量削減目標を達成できなかった場合の措置が決められていなかったが、これが厳しい罰則とならない必要があった。COP4からCOP7までの交渉は、このような京都議定書に規定されたさまざまな制度や条件づけについて、詳細ルールを設定することであった。そのなかで、日本は大綱を実現することを最優先の目標として交渉にあたった。

二〇〇一年にアメリカが京都議定書からの離脱を正式に表明すると、日本国内では、京都議定書の発効に全力を尽くすべきだという意見と、アメリカに追随して離脱すべきだという意見が出された。しかし、最終的には、日本の主張がほとんど受け入れられたことから、COP7のマラケシュ合意を日本も受け入れた。二〇〇二年、マラケシュ合意に合わせて、新しい大綱を作成、六月には京都議定書を批准した。

二〇〇七年、インドネシアのバリにてCOP13が開催された。これは、京都議定書の第三回締約国会合（CMP3）と並行して開催された。ここでは、京都議定書の第一約束期間が終了する二〇一二年以降の国際協調のあり方が話し合われた。日本は、米国が参加していない京都議定書で自国の排出量が制約され続けるのを望ましくないと考えた。そこで、第一約束期間終了後は、すべての主要国の約束が同一の国際法の下で扱われるよう、交渉を一本化すべきだと主張した。しかし、途上国は、先進国の排出削減目標が明記されている京都議定書を廃止すべきでないと強く主張し、その結果、交渉プロセスはCOPとCMPの両方の下でそれぞれ進められることになった。二〇〇九年のCOP15、CMP5に向けて二年間の国際交渉がこう着する中、日本国内では二〇二〇年の日本としての排出削減目標に関する議論が本格化した。二〇五〇年の長期目標を世界全体で半減、日本として六割から八割と定めたうえで、二〇二〇年の目標は、一方では、長期目標に向かって確実に排出量を減らせているものでなくてはならなかった。他方、二〇二〇年まで一〇年ほどしか残されていない中で、排出削減オプションも限られており、削減割合には限界があるという見方もあった。二〇〇九年六月には、「二〇〇五年比でマイナス一五％」が決定された。しかし、これは一九九〇年比ではマイナス八％でしかなく、京都議定書の六％目標からほぼ横ばいを意味した。その直後、政権が自民党から民主党に移り、九月には新たな目標として「一九九〇年比でマイナス二五%」が示された。こちらの目標は、国内排出削減に加え、海外オフセット（海外での排出削減努力をカウントする方法）や、森林等による吸収も含めるとされた。二〇〇九年末のコペンハーゲン会合で国際合意が得られなかったことから、二〇一〇年に閣議決定された地球温暖化基本法案では、二五%削減目標が、他国の実質的な排出削減を条件として盛り込まれた。

アメリカ

背　景

アメリカでも、かつては日本と同様、各地域で公害が見られたが、一九七〇年代以降、環境保護庁（EPA）[*11]の設立をはじめとして、精力的に取り組まれるようになった。環境保護団体への一般市民の支持も厚い。一九七〇年代にオゾン層破壊問題が世界の関心を集めるようになったのも、もともとは、アメリカの消費者運動からであった。しかし、一九八一年以降、共和党政権が続き、環境問題は関心を持たれなくなってしまった。経済問題の克服が政府の優先事項となり、環境問題を経済問題に先んじて取り上げることが困難となった。とくに、気候変動は、エネルギー消費に関わる問題である。アメリカでは石炭産業や石油産業などのエネルギー産業、および、安価なエネルギーに依存するエネルギー多消費型の産業が政治に対して影響力を持っているため、気候変動は、アメリカにとって扱いづらい問題であった。さらに、冷戦終結後、自他ともに認める世界唯一の超大国となった結果、アメリカは、環境問題のみならず、地球規模のあらゆる問題に関心を示さざるをえなくなった。多くの場合、軍事的紛争や経済問題が、地球規模の地球環境問題よりも重要な問題として扱われた。

＊11　Environment Protection Agency.

気候変動問題への取り組み――一九八〇年代から一九九二年

アメリカは、気候変動問題が国際政治の舞台に上がるきっかけを作った国である。一九八〇年のカーター政権による「西暦二〇〇〇年の地球」には、すでに気候変動が憂慮すべき問題として取り上げられている。一九八八年の夏には、初夏の異常乾燥が契機となり、気候変動の兆候ではないかと心配した世論が政府を動かした。その年のアメリカ上院エネルギー委員会公聴会において、気候変動の代表的な研究者であったハンセン博士は「九九％温暖化が起きる」と発言し、世論の関心がさらに高まった。[*12]

しかし、CO_2削減のためには、エネルギー利用に関する政策実施が必要なために、国内で大きな反発が予想される。そこで、まずは、異常気象が本当に気候変動の一部として生じるものであるかを科学的に明確にするのが先だとアメリカ政府は判断した。世界各国の関連の科学者を集め、最新の知見をまとめるための組織としてＩＰＣＣ設立を提唱し、一九八八年の秋にＩＰＣＣ発足が実現した。その設立、運営に関し、資金および研究者ともに多くの割合がアメリカから拠出されている。

翌年の一九八九年秋ノルトヴェイク会議で、アメリカは、ヨーロッパが主張した排出量に関する数量目標の設定に反対した。気候変動が本当に問題であるのか、問題ならどれほどの対策が必要なのかという点で科学的不確実性が高すぎる現時点で数量目標の設定には同意できないというのが反対の理由であった。

一九九〇年四月、アメリカは、気候変動に関するホワイトハウス会議を開催した。その会議でアメリカは、科学的な不確実性が残されている段階では、経済的な負担となる排出量規制の約束を避けるべきである、と主張した。その後、一九九〇年夏にＩＰＣＣから公表された第一

＊12　Schneider 1989.

回の評価報告書は、科学的にも気候変動が生じる可能性が示唆されていたため、科学的不確実性を理由に反対することは困難となったが、CO_2排出量削減が経済的損失につながる、という主張には固執した。

このようなアメリカの主張の裏では、政府内での主導争いがあった。ブッシュ大統領の側近と環境保護庁の長官との間でアメリカの態度について意見が異なり、その際、側近が気候変動問題に後ろ向きであったことが、ブッシュ大統領の同問題への消極性に影響を及ぼしたともいわれている。

一九九一年からの条約交渉において、アメリカは、気候変動問題の重要性に理解は示しながらも、現象が完全に解明されるまでの対策の延期、CO_2排出のみならず、植林による吸収や、CH_4などその他の温室効果ガスをまとめて管理の対象とする方法（包括的アプローチ）を主張した。

また、条文中に明確な排出量の目標値が含まれているならば、条約には署名しないという態度をとった。アメリカの場合、条約の批准には、上院の三分の二以上の支持を必要とする。明確な数量目標が入っている場合、目標が達成できなかったらどうなるのか、ということが批准を妨げる障害になるだろうという判断から、数量目標を入れると都合が悪いと考えられた。この背景には、オゾン層破壊問題において、環境保護庁がウィーン条約を遵守するのに必要な措置をとっていないと環境保護団体が提訴した、という経験も影響していた。このアメリカの主張は最後まで変わらず、条約四条二項は、目標値達成が義務という書きぶりにはならずに合意された。

その後、一九九三年四月、民主党のクリントン政権下において、アメリカは初めて全温室効果ガスの総量を二〇〇〇年までに一九九〇年レベルに回帰させる目標を設定した。

京都議定書交渉

一九九五年以降の議定書交渉でも、アメリカは、CO_2排出量の削減には難色を示した。しかし、今回は、数量目標の設定そのものには理解を示し「法的拘束力のある」[*13]目標設定を支持した上で、慎重に目標値の水準を考えていくべき、という主張に変わっていた。ベルリン・マンデートでは法的拘束力を持つと明記してあっただけでなく、クリントン政権が同問題に熱心だった点がアメリカの態度を積極的にしていた。しかし、それだけでは、国内の産業界からの反発が予想されたため、知恵を絞る必要があった。

そのころ、アメリカ内では、硫黄酸化物（SO_X）の排出量取引制度の成果が認められた時期であった。一九九〇年の大気浄化法改正において、酸性雨対策として、SO_Xの排出基準を厳しくすると同時に排出量取引制度を導入していた。それまでは、排出量取引は、経済学の理論の上では費用効果的な手法であっても現実ではそうはいかないだろうという意見もあった。しかし、実際にやってみると、取引制度導入前に予想されていたよりもはるかに低い費用で排出量目標が達成された。環境保護庁は、この結果を見て、国際レベルでのCO_2対策にも使える、ということに自信を持った。一九九五年秋には、数量目標数値の水準はともかく、排出枠取引制度導入の推進、そして、排出枠取引制度実施のために、数量目標設定を支持することについて、政府内で意見がまとまっていた。

しかし、排出量取引制度の良し悪しにかかわらず、アメリカ政府の議定書交渉に対する前向きな対応に、国内の産業界が懸念を示した。とくに、一九九六年のCOP2において、アメリ

＊13　legally-binding

カの主導により「法的拘束力のある約束」という文言が採択されたことがアメリカ内のニュースを賑わした直後から、産業界の抵抗は激しくなった。

これらの産業を支持基盤とする議員は、アメリカの経済活動に多大な悪影響を及ぼすような議定書にはアメリカは支持しない、とする決議を提案した。提案した二議員の名前をとってバード＝ヘーゲル決議[*14]と呼ばれたこの決議は、上院にて一九九七年七月に可決された。この決議では、先進国だけが排出量削減という負担を負うのは不公平として、中国やインドなど主要途上国が参加しない議定書も支持できないとしていた。

このような議会の強い抵抗に対し、クリントン政権は、環境保護庁、エネルギー省、国務省からそれぞれひとつずつのエネルギー経済モデルチームによる省庁横断的チームを編成し[*15]、アメリカがCO_2対策をとった場合の経済的負担の大きさを試算した。その試算の際、一九九〇年と比較して二〇一〇年に安定化、一〇％増加、一〇％削減の三ケースを仮定していたことから、この検討作業を開始した当初よりこのあたりが削減目標の水準と考えていたことが伺える。一〇月末にようやく一九九〇年レベルで安定化、という数量目標に関する提案を行ったが、COP3にて、最後にゴア副大統領が会議に参加したこともあり、アメリカがさらに厳しい目標である七％削減を認めることになった。この数値についてはさまざまな憶測があるものの、当初のアメリカ案と比べると、七％すべてが純粋な譲歩によるものではない。HFC、PFC、およびSF_6という希少ガスの基準年が一九九〇年から一九九五年に繰り下げられただけで、アメリカは一％分楽になった。また、吸収源の算定方法も、議定書三条三項の方法は、アメリカの原案と比べると緩く、三％を稼ぐことができた。残りの三％分だけが、ゴア副大統領来日によって合意せざるをえなくなった追加的な削減分であるといわれている（インタビュー

＊14　Byrd-Hagel Resolution.

＊15　Inter-Agency Team.

調査による)。

京都議定書採択後

京都議定書採択後、クリントン政権は、京都議定書の批准に向けて、上院議会を説得しようと努めた。排出量取引制度などを駆使することで、国内対策に経済的負担がかからないという研究成果を公表した。また、ラテンアメリカ諸国に対して、自主的に排出量目標値を設定するよう促した。しかし、アメリカ内での京都議定書に対する反発は強く、二〇〇一年にブッシュ政権が誕生すると、すぐに京都議定書からの離脱を表明してしまった。ブッシュ政権下では、米国の気候変動政策は奮わなかった。しかし、州レベルでは、新たな動きが起きつつあった。米国が批准しなければ永遠に発効しないだろうと思われていた京都議定書が発効し、米国内の一部からは、気候変動対策に無関心であり続ける連邦政府の態度に疑問をもつ声が上がった。特にカリフォルニア州や北東の州は、州独自の政策として再生可能エネルギーの導入促進や、自動車燃費基準の強化、排出枠取引制度などの導入を進めた。また、二〇〇六年の中間選挙では民主党が上下院ともに勝利し、米国内の気候変動策に関する法案を提案するようになった。この動きは、二〇〇八年の大統領選でのオバマ氏の勝利により、さらに加速した。オバマ政権は、米国も気候変動に関する国際協調に前向きに対応すべきだと主張した。他方、議会と十分に意思疎通しつつ進めていかなくては、クリントン政権下での京都議定書への対応の二の舞になると懸念されたため、国内の気候変動法案通過を優先させた。二〇〇九年六月に下院を通過した法案は、上院では審議が進まなくなった。二〇一〇年時点では、国内排出枠取引制度を削除した、より緩やかな法案が審議されている。

ヨーロッパ連合（ＥＵ）

背　景

ヨーロッパ諸国は、ＥＵとしてまとまって交渉に臨むことが多いが、国内ではそれぞれ異なった事情を抱えながら参加している。ドイツやオランダなど、おもに北方の国は気候変動を重要な問題と考え、急激な温室効果ガス排出量削減を訴えているが、イタリアやスペインなどおもに南方の国は、あまり関心を持っていない。一九八〇年代では、それぞれの国がばらばらに交渉に参加していたが、一九九〇年代に入るとＥＵの経済統合が進展し、その結果、国際交渉には、ＥＵの議長国がＥＵを代表して発言するという手続きがとられるようになった。このような手続きは、ＥＵとして意見をまとめることによりアメリカや日本に対する交渉力を強めるためには役立つが、ＥＵ内でコンセンサスを得るまでに時間がかかるようになり、ドイツやオランダなど同問題に積極的に関わりたい国がその意思を国際交渉に反映させづらくなった。また、半年ごとに変わる議長国がどの国かによっても、ＥＵとしての主張は変わる。

気候変動問題への取り組み——一九八〇年代から一九九二年

オランダ政府は、早くから気候変動問題に関心を示し、一九八五年のフィラハ会議など科学者間で議論されていた時期から、問題の重要性を示唆していた。一九八九年に初の閣僚級の会合をノルドヴェイクに招致したのは、この問題で指導権をとろうとするオランダの意向によるものであった。この席上で、オランダは、独自の国家目標として、一九九四／九五年までに一九八九／九〇年のCO_2排出量レベルで安定化させるという目標を確認した。条約交渉では、排出量安定化のみならず、削減目標を明記すべきという態度をとり、最後まで目標値設定を主張した国であった。

一方、ドイツは、一九八〇年代中ごろまでは、環境問題全般に対してとくに関心を有している国ではなかった。しかし、八〇年代後半以降、酸性雨の問題に世論が関心を持ったことを契機として急激に環境保全国としての態度を示すようになり、気候変動問題についても、他の先進国に先んじてその重要性を認識するようになっていた。一九八七年には、「地球大気保全のための予防手段」委員会[*16]がドイツ連邦議会により発足し、一九九〇年六月には、連邦議会はCO_2排出量を二〇〇五年までに一九八七年レベルの二五％を削減するという国家目標を設定した[*17]。また同年一〇月、旧東ドイツとの統合に伴い、この目標を二五～三〇％削減に上向き修正した。条約交渉においても、オランダとともに、条約に削減目標を明記するよう主張した[*18]。

他方、イギリスは、CO_2排出量に関する具体的な目標値設定については日米と同様に慎重であった。ノルドヴェイク会合では、イギリスはCO_2排出量の目標値設定に対する態度を留保している。しかし、一九九〇年にはイギリスも、CO_2排出量を二〇〇〇年までに一九九〇年レベルで安定化するというEC（当時）全体の目標設定に合意した。それまで環境問題に関心を持っていなかったサッチャー首相が、この時期に突然関心を持ち、気候変動についてもイギリスが積極的に取り組んでいかなければならないという姿勢を明確にした背景には、G7サミットで地球環境問題が議題に上るようになったことや、地球環境問題に熱心であった当時国連大使のティッケルからアドバイスがあったことなどが指摘されている[*19]。

条約交渉では、イギリスは、原則として目標値を条文に含めることに賛成していたが、それよりもできるだけ多くの国、とくにアメリカの賛成を得られる条約の作成が重要であると主張

＊16　Enquete Commission.
＊17　Public Relations Department of the German Bundestages 1989.
＊18　Beuermann and Jaeger 1996.
＊19　Brenton 1994; Maddison and Pearce 1994.

した。目標値を含めた案を支持するEC（当時）諸国と、明確な目標値の含まれた条約は受け入れられないとするアメリカの間で仲裁に入り、明確な目標値からより漠然とした文章を折衷案として提案したのはイギリスであった。[*20]

＊20　Rowbotham 1994.

京都議定書交渉

条約発効後、オランダは交渉に対して表向きには積極的な姿勢を取り続けたが、その主張とは裏腹に、実際の排出量は一九九〇年以降増加し続けた。一九九〇年の冬がとりわけ暖かく、平年より暖房用エネルギー消費量が少なかったためとしているが、一九九〇年以降にも暖かい冬があり、条約の目標である二〇〇〇年までに一九九〇年レベルでの安定化は困難との見通しが立っていた。このようなことから、国内では、理想を掲げた今までの目標設定から、実際に目標達成に必要な対策が経済活動に与える影響が注目され始める。オランダでは、商業活動が重要な産業となっているために、貨物の輸送に必要なエネルギーへの課税措置は、オランダの企業の国際競争力を損なう。そのため、企業は、そのような措置をオランダで導入するなら、他の国も同様の措置をとるよう協調を求めるべきであると主張した。

一方、ドイツは、一九九〇年の東西ドイツ統合の結果、おもに旧東ドイツ地域でCO_2排出量が急激に減り、順調に排出量を削減できていた。旧東ドイツでは、多くの発電所で、その地域で生産される低質の褐炭を用いていたため、褐炭の使用量低減、発電効率の向上、旧式の発電施設や生産施設の操業停止といった措置だけで排出量が大幅に減ったのである。一九九五年にはCOP1をベルリンに招致し、世論の関心を高めた。また、気候変動枠組条約事務局のボンへの招致について、他国の同意を得ることに成功した。当時、ドイツでは、東西ドイツの統合によるボンからベルリンへの首都移転が決まっており、ボンにある政府の建物の有効利用、ならびに雇用確保という利点もあった。

イギリスでも、ドイツと同様に、おもに発電部門において石炭から天然ガスへの移行が進んだために、エネルギー消費量を増やし続けながらもCO_2排出量を減らせていた。イギリスでは、気候変動問題に関する世論の関心はなかなか高まらないものの、歴代の環境大臣が国内、あるいはEU内でのリーダーシップを握ろうとして前向きに取り組んだおかげで、気候変動問題に関しては積極的な対応が維持できていた。

EU全体としてはなかなか足並みが揃わず、一九九六年後半には気候変動問題に関心の薄いスペインが議長国だったこともあり、EUとして積極的な案を出せずにいた。一九九七年にEUの議長国となったオランダは、ようやくその年の三月にEU全体として「附属書I締約国一律一五%削減」案をまとめた。それまでにもEU域内での排出量分配方法について考えていたオランダ政府は、ユトレヒト大学に研究を依頼していた。その研究では、EU加盟国の排出量を発電、産業、民生、運輸の四部門に分け、各部門ごとに相対的に単位あたりの排出量が多い国はそれを多めに減らすような算定式を作成し、それをもとにEU各国の排出量削減目標を割り当てていった。この研究結果はトリプティック・アプローチと呼ばれた。このアプローチはEU各国に支持され、それをもとにEU内での排出量削減割り当てがなされた。[*21]

これは、すべての先進国が、一九九〇年当時の状況の違いにかかわらず、二〇一〇年までにそれぞれ排出量を一五%削減するという案である。しかし、EU以外の国に対してはそのような提案をしながら、EU内では、マイナス一〇%分のみについて割り当てが決まっており、ドイツのマイナス二五%からポルトガルの四〇%増まで差異のある目標を設定していた。そのた

*21 蟹江 二〇〇一。

め、この提案は、ＥＵ以外の国からは、「削減率が非現実的。ＥＵ内でもマイナス一五％の見とおしがたっていないのに、なぜ他の国にマイナス一五％を求められるのか」「ＥＵはどの国も同じ削減率を主張しているのに、ＥＵ内では削減率に差異があるではないか」などと批判された。ＣＯＰ３でも、ＥＵの議長国はイギリス、オランダ、ルクセンブルグの三カ国が共同で担当し、ＥＵ強硬路線を維持していたが、排出量取引や森林の吸収源の交渉が急展開する中で、ＥＵ内での調整に手間取るようになり、最終局面ではＥＵ内は混乱した状態となった。もともと内部で一〇％までしか合意できていないこともあり、一五％削減という案はすぐに崩れたが、五％以下では国内に説明できない。最終的にはＥＵが主張していたよりも少ない削減率であるマイナス八％で落ち着いたが、それはＥＵ内での調整の結果というよりは、日本・アメリカ・ＥＵという三極のハイレベルでの調整で決まったとされる。

京都議定書採択後

一九九八年に入り、ＥＵ内での八％削減の再配分に合意し、議定書の批准を目指して各国努力することになった。しかし、その道は険しく、国ごとに異なった問題を抱えている。アメリカが批准しなければヨーロッパも批准すべきでない、という産業界の反対がある。また、ドイツでは、二〇〇〇年に、三〇年かけて原発を全廃させていく方針を固め、原子力に替わるエネルギー源を確保しなければならなくなった。

同じく二〇〇〇年には、オランダはＣＯＰ６をハーグに招致し、環境問題での国際的リーダーシップを誇示するとともに国内での世論の関心を再度高めようとした。二回のＣＯＰ６およびＣＯＰ７の実質的な議長となったオランダ環境大臣プロンクに協力し、ＥＵは合意形成に積極的になった。二〇〇一年にアメリカが京都議定書から離脱した後も、EUはアメリカなしでも議定書を批准すべきだとして日本やカナダに働きかけ、ボン合意とマラケシュ合意にいたった。その後も米国の復帰はならず京都議定書の発効が危ぶまれたが、ロシアを説得し批准国としたことで、二〇〇五年二月、京都議定書は発効した。

二〇〇七年のCOP13およびCMP3では、日本やカナダらと同様、二〇一二年以降の国際枠組みに米国や中国など主要排出国の取り込みを目指し、将来国際協調の構築を目指した国際交渉の開始に努めた。二年後のCOP15及びCMP5での合意を目指して二年間の交渉が始まったが、これらの会議の開催場所としてコペンハーゲンが予定されていたため、デンマーク政府はじめEUが合意達成に向けて努力を見せた。気候変動では初の首脳級会合の開催も決定した。二〇〇九年一二月に開催されたコペンハーゲン会合は、多くの出席者を集めたが、交渉は決裂し、政治合意としてコペンハーゲン合意が了承されたにとどまった。これを「失敗」であったとEUも認識し、二〇一〇年、EU内で戦略を練り直している。

日本・アメリカ・ヨーロッパの比較

国の決定を比較すると、影響を与えている要因や決定にいたる過程について、共通点と相違点があり、それが国の態度そのものにつながっていることがわかる。

共通点としては、どの国も、同様の国内主体は同様の行動をとりがちという点である。政府のなかでは環境担当省庁、経済・産業担当省庁、エネルギー担当省庁、外交担当省庁という異なる省庁の間で意見の相違がある。産業界は、自分の経済活動が制約を受けることを懸念し、厳しい対策に反対する。環境保護団体は、厳しい排出量削減目標を主張する。国の決定は、どの国においても、似たような国内主体間での真剣な議論の結果として現れている。

しかし、その結果としての国の決定は、排出量削減積極派のヨーロッパから反対派のアメリカ、欧米の仲介役に徹する日本と、さまざまである。この違いはどこから来るのだろうか。

第一には、対策の難易度があげられる。例えば一九九〇年代のヨーロッパのなかでもイギリスやドイツのように、国内に特殊事情があり放っておいても排出量が減っていくと予想されていた国と、日本のように省エネが比較的進んでいて、これ以上はなかなか減らないと認識されていた国ではおのずから対策の受容度は異なってくる。また、エネルギー政策の観点からすると、アメリカやカナダ、オーストラリアのように国内に多くのエネルギー資源が埋蔵されている国では、安価なエネルギーを前提とした産業活動が確立しており、大幅なエネルギー価格上昇に対する政治的圧力が強い。また、そのような国ではエネルギー消費を節約することを是とする考え方が広まりにくい。一九七〇年代の石油危機でエネルギー供給の限界を知った日本やヨーロッパでは、たとえ、さらなる省エネや代替エネルギーの開発・普及に多くの費用がかかるとしても、少なくともそれが良いことだと認識する土壌ができあがっている。

このような背景は、世論や議会での認識の違いを生む。

第二の違いとして、ヨーロッパや京都議定書交渉時の日本では、気候変動対策に積極的な議員が出現したが、アメリカでは対策実施に反対を訴える議員が圧倒的に多かった。このような違いが出てくる理由としては、エネルギー産業に支持基盤をもつ議員の数の違いなどがあげられる。また世論に知らされる情報の違いがある。テレビや新聞で、気候変動問題の緊急性が強調されれば、対策は必要だと思う意見が増えるだろう。逆に、対策に経済的費用がかかることが強調される場合には、対策に消極的な意見が増えるだろう。それでは、各国におけるマスコミの記事の書き方に違いがあるということになるが、ヨーロッパや日本では多数の国民が読む全国紙に相当するものがあるのに対して、アメリカのほとんどの一般市民は各地域の市町村ごとの新聞を読む。あるいは新聞は取らずにテレビに頼る人も多い。アメリカでは、企業がテレビで気候変動対策反対キャンペーンを流していれば、それを自分の意見として受け入れる個人は多くなる。ただし、近年ではインターネットの普及により、すべての国で若年層を中心に新聞購読率が減っている。マスコミと世論形成との関係が、かつてとは違ってきているかもしれない。

さらに、政治文化的な背景も考えられる。日本のように「お上」としての政府の政策決定にすべてを依存してきた国民と、個人の自由を最大限尊重し、連邦政府の役割は最低限でよいと考えるアメリカの国民では、国として何％削減といった目標の受け入れ方は異なるだろう。

第三には、国内主体同士の関わり方の違いである。ヨーロッパでは議会が中心になって気候変動への取り組みを主導したのに対して、日本では行政府（官僚）が中心、そしてアメリカでは大統領府と議会との議論の中で最終決定が行われる。また議会における議員の選出方法も、国によって異なる。アメリカが各州の利益を代表するのに対して、日本やヨーロッパでは全国区や比例代表制などの選出方法により、国全体の利益を考える議員や、環境問題など特定の問題にくわしい政党が議席を占める可能性を残している。このような特徴は、気候変動問題に対する特徴以前に、国の決定にいたる手続きそのものの違いである。このように、国の制度が異なると、地球環境問題という、地球全体の問題に対する対処方法が違ってくる。

第四には、気候変動問題を外交戦略のなかに取り入れる国とそうでない国との違いがある。アメリカは、外交政策は軍事問題や経済問題などで十分リーダーシップを発揮していると考え、地球環境問題でリーダーシップをとるメリットを感じなかった。それに対して、ヨーロッパのなかでもとくにオランダなどの小国は、環境問題でリーダーとなることによって、EU全体への影響力を増大させようとする意図がある。さらには国際交渉の場でEUという名を借りてオランダの主張をEU全体の主張として提示している。日本でも、アジア外交の一環として気候変動問題を見ることができる。中国や韓国など、政治的関係が不安定な国との間での気候変動分野における協力は、国家間関係の改善につながると期得できる。

最後に、科学的に解明が進んでいない問題への対応の考え方についても違いが見られた。ヨーロッパ、とくにドイツやオランダでは、科学的知見が不十分であってもある程度の危険性が指摘されている場合には、今からできることをするという「予防原則[*22]」の考え方が精通しており、気候変動問題に対しても同様に対処している。反対にアメリカでは、費用便益分析に近い考え方が見られる。対策をとるために必要な費用と、それによって得られる便益（＝対策を怠った場合に被る被害）とを比べて対策を決定するアプローチである。この場合、環境問題の被害が不確実であるほど、便益は小さくなってしまう。さらに、アメリカでなくても途上国でより安く対策がとれるのであれば、途上国にやってもらおうという考え方になりがちである。

日本では、このようにリスクに対する決まった独自の考え方は確立されていない。問題となった段階で被害の大きさと対策の困難さとを関係業界と議論しながらその場その場で決められている。したがって、気候変動問題に対する日本の政策決定は、科学的知見が十分に反映されたプロセスによるものではなかった。

＊22　precautionary principle.

3 国の政策決定の比較分析

比較政治学による環境政策研究

国の政策決定を分析する際、一国の政策決定の詳細な観察は確かに重要である。しかし、その国だけを見ていては、重要なことを見落とすおそれがある。他の国の政策決定と比較してみて初めて、ある国の政策決定の特徴、長所や短所、今後の課題、が明らかになっていく。これは従来、比較政治学の分野の研究であるが、近年、比較政治学と国際関係論[*23]は密接な関わり合いを持ってきている。

比較政治学のなかでも環境問題に関連した研究は、一九八〇年代以降、急速に増えてきている。環境問題を取り上げるメリットとして、環境問題（当初は公害問題）がすべての国で共通して生じたので、事例として比較しやすいという点が挙げられる。民主主義の国でも社会主義の国でも、西洋でも東洋でも、年代の差こそあれ、工業化の過程において公害問題に苦しんだ。それまでは、そもそも国ごとに違うものを比較していたので、国の差異は際立っても、どの国にも共通していえる特徴をつかむのが困難であった。それが、環境問題という共通の問題が、異なった特徴を持つ国々で同様に生じた理由、共通の問題への取り組み方の違いに関心が移った。

研究における問題設定には、二種類ある。ひとつは、共通点に着目する切り口である。地理的条件から政治制度、経済構造などが異なる複数の国において、なぜ似たような環境問題が生

＊23 International Relations の邦訳。国際レベルの政治を研究する学問分野。国と国との間に「政治」が存在するということは所与ではないため、本書では、一般に見られる「国際政治学」ではなく、「国際関係論」を用いることにした。

じたのか。なぜ、多くの国で一九七〇年初頭に環境規制担当省の設立という類似の現象が見られたのか。なぜ、似たような政策が各国で採用され、似たような課題に直面しているのか。どの国でも同時期に地球資源の有限性などに関心を持ち、一九七二年のストックホルム人間環境会議のような国際的な高まりにいたったのはなぜか。このような疑問に答えるために、違った制度の国を比較対象とするやり方がある。二つめには、相違点に着目するやり方がある。国内の地域汚染や地球環境問題という共通の環境問題に対して、複数の国が違った対応を取る時、なぜ、そのような違いが生じるのか。対応の違いには、それぞれいかなる長所、短所があるのか。ある国の対応の成功例を、他の国にもあてはめることは可能か。可能でなければいかなる注意が必要なのか。このような問いに答えていくのがこのアプローチである。どちらのアプローチにせよ、これらの問題に答えていくことは、今後、ある国での環境政策を評価する際に、きわめて重要な情報となり、政策提言に直結する研究であるといっても過言ではない。

一九七〇〜八〇年代の比較研究

環境問題に関する国家間比較研究には二つの山がある。ひとつめの山は、一九七〇年代後半から一九八〇年代である。一九六〇年代以降の公害対策や国際的な環境問題への関心の高まりが一段落し、各国での環境政策が一段落した時期と見るのが妥当だろう。

この時期の比較研究をまとめたヴォーゲル[*24]にしたがって、その特徴をあげてみよう。まず、当時の文献は、ほとんどが二、三の国のケーススタディーを扱っており、共通点や相違点をまとめ、その理由を述べている。手法としては文献調査やインタビュー調査といった定性的分析にとどまり、統計的手法や時系列データを使ったものはほとんどない。クノプフェル[*25]はこの年

＊24 Vogel 1987.

＊25 Knoepfel 1981.

代の比較研究のなかで定量的分析を試みている数少ない例としてあげられる。

対象としている国のほとんどが先進国、それも欧米間の比較にとどまり、さらにはその多くがアメリカを対象国のひとつとして選んでいる。日本やソ連でも環境問題が生じていることや環境政策がとられていることは知られていたが、比較するにはあまりにも国の状況が違いすぎるという印象が当時の研究者にはあったのかもしれない。[*26] 途上国を対象とする研究も皆無である。また、対象としている環境問題に関しては、かなり具体的、かつ限定的なものを取り上げているものが多く、環境政策全般について扱っているものは少ない。

限定的な事例を取り上げているものとしては、たとえば、アメリカとECでの環境影響評価の用い方を取り上げたワナースフォルデ・スミス[*27]、アメリカ、イギリス、ECにおける環境政策の目標設定を対象としているオリョーダン[*28]などがある。また、ブリックマンら[*29]は、発ガン性のある化学品使用の規制に関してアメリカ、ドイツ、フランスで比較を行った。

環境規制の手続きに関してアメリカとイギリスを比較したヴォーゲル[*30]の研究では、アメリカとイギリスでは同様に産業界からの排出規制に成功したが、アメリカでは法規制にもとづく厳しい規制手法、イギリスではより柔軟な政府と産業界との話し合いによって排出削減が進むなど、排出量削減を実現させるまでの手段が両国で違っていることを指摘し、その理由をあげている。アメリカとイギリスという法制度的には似た国をとっても違いが生じている原因についてくわしく分析し、環境政策の比較研究としては代表的な研究となっている。

これらの時代の研究に総じていえることは、一般的に未熟さが残っていることである。とくに一九七〇年代のものについては、あまりくわしい分析にはいたらず、また、研究の枠組みもしっかりとしたものではなく、おおまかに各国の政策の特徴をとらえ、比較するに終わってい

*26 数少ない例外として、日本とイタリアを比べたReich（1984）がある。
*27 Wanersforde-Smith 1978.
*28 O'Riordan 1979.
*29 Brickman et al 1985.
*30 Vogel 1986.

る。一九八〇年代に入ると、そのような短所に改善が見られるようになる。研究の枠組みが明確になり、比較の対象が明らかとなる。また、関心の対象についても、法律そのものの比較から、法律の実施時期や、実施に向けた政策過程、関連する主体や制度へと移っている。また、研究の体制についても、最初のころには、研究者が一人で実施しているものが多かったが、次第に、一人でこのような研究を進めることの限界が見え始め、複数人の研究者がプロジェクトを組んで実施した研究が増えてくる。

一九九〇年代以降の研究

二つめの山は、一九九〇年代後半になってから急激に増えているもので、これは、一九九二年のUNCEDなど、地球環境問題への対応が始まってからのものである。したがって、この時期の研究の多くは、地球環境問題を対象として扱っている。

たとえば、酸性雨に関しては、ヨーロッパ諸国間でいかに成功したかという点に着目した研究が多い。ハイエール[*31]は、ヨーロッパで越境大気汚染の国際交渉にいかに対応したかについてイギリスとオランダを比較している。比較の分析手法として言説[*32]に注目し、両国において、酸性雨に関する議論が、いかなるストーリーラインに沿って、国内のいかなる組織や個人の間で交わされたか、そしてそれが時間を追っていかに変化していったか、を詳細に分析している。その結果、たとえば、酸性雨の原因と対策の関係について、イギリスでは科学的知見の重視と対策の効果との関係から議論が始まっているのに対して、オランダでは、酸性雨の存在について科学的根拠を掘り下げることはなく、酸性降下物の分布や対策について工学的見地から切り込んだ。その結果、イギリスでは環境保護団体を排除した既存の機関が、ECの規定を飲むか

＊31　Hajer 1995.
＊32　discourse

たちで遅れて対応したのに対して、オランダでは企業や環境保護団体を巻き込みながら、自国のみならずEC全体の対応を求めていったという。

また、シュラーズ[*33]は、気候変動問題に対する日、米、独の対応を比較し、国内の政治制度の違いが三国の態度の違いにまで発展している様子を詳細に分析している。また、一部ではある国の成功例が他国の同調を招く（たとえば、アメリカで一九八〇年代に規制から経済的手法が環境政策の中心に移っていったが、日本やドイツも一九九〇年代以降、経済的手法が注目されている）が、環境保全を優先してその範囲内で経済発展しようとするドイツと経済発展を優先とするアメリカなど完全に離反していく状況も見られており、今後、三国が同一化していくのか、あるいはそれぞれ別の道を歩むのかは予断を許さないとしている。

さらに、この時期には、途上国を対象とした研究も徐々に現れてくる。数で比較すると、まだ先進国を対象とした研究よりも少ないものの、今後、途上国の研究数は増えると予想される。たとえば、シムス[*34]は、中央集権的な中国と、典型的な民主主義のインドを比較し、両国とも、大国であり、多くの人口を抱え、急激な経済発展を遂げようとしている最中であり、石炭の埋蔵量が多い、という多くの共通点があるにもかかわらず、両国の環境・エネルギー政策が大きく異なることに注目し、その差の理由を政治システムの違いに求めている。たとえば、大規模ダム建設ひとつをとってみても、インドでは、国内の反対運動が先進国の環境保護団体の関心を呼び、その結果、世界銀行の支援の中断にまで追い込んだ。これに対して、中国では、環境保護団体の声をよそに、世界の民間企業から投資を受け、着実に実行されようとしている。中国の手続きがある意味で効率よく、大きな物事を実行する際には都合がよい制度であるのと比べて、インドの手続きは、大規模な事業を実施することができなくなるおそれがある反

*33　Schreurs 2002.

*34　Sims 2000.

面、国民の意見を尊重するためには適した制度である。

このように、比較研究は、成功例や失敗例を学べるだけでなく、同じ政策を導入しても国ごとに結果が違ってくるという点から国の特徴を示すこともできる。このような研究は発展途上にあり、今後もより多くの国を対象とした研究の進展が望まれている。

4 国以外の行動主体

「国」の扱い

国際関係論は、国と国との間の関係を研究する学問である。しかし、この学問のなかでも、ひとつの議論の対象となっているのが、「国」を単一のアクター（主体）として見ることの妥当性である。たとえば、今まで単純に「日本は条約に反対した」あるいは「アメリカが支持した」と、国を一人の人間のように扱ってきたが、実際には、国は、単一ではない。実際に行動を起こしているのは、政府関係者や、大統領や、環境保護団体のメンバーや、産業界の代表だったりする。そのような現実があるなかで、「国」としての行動をいかに扱うか、について、国際関係論の分野で研究する者は明確な意識をもっていなければならない。

国際問題のなかでもとくに地球環境問題を議論する場合には、「国」をひとつとして扱うことへの疑問がさらに出てくる。ひとつは、地球環境問題という問題の原因となる物質や結果となる被害が国境を越えるという状況から投げかけられる疑問である。ある国での被害を食い止めるためには、別の国との協力が不可欠になり、そうすると「国」よりは複数の国を合わせた

「地域」を行動の単位としてみるべきなのかもしれない。

「国」という単位の扱いが不適切となるもうひとつの側面は、地球環境問題に関連する国際交渉の際には、科学者や産業界、環境保護団体といったさまざまな非政府関係者（non-state actor）が直接交渉に関わってくる点である。軍事や経済の分野の交渉では、交渉に携わるのは政府関係者だけであることを考えると、さまざまな非政府関係者が国際交渉に加わることの特殊性を考慮すべきだろう。なぜ環境問題においてこのような現象が見られるかについては、いくつかの理由がある。軍事問題と違って、機密性が少ない。また、多くの環境問題では、専門的知識を要するため、科学や技術にくわしい専門家の意見が重要な役割を果たす。さらには、環境問題は、環境破壊の被害を受けるのも、環境を保全するために行動するのも産業界や一般市民であるから、これらの声が直接聞かれなければならない。

そこで、次には、国内のさまざまなアクターを取り上げ、それが国内で、あるいは国際交渉の場で果たす役割について見ていく。

個人——とくに政治的指導者

一九八〇年代後半から先進国首脳サミットなどで地球環境問題が取り上げられるようになり、各国の国家のトップは、環境についても知識を問われるようになった。中でも、環境には関心を持っていないといわれていたイギリスの元首相サッチャーによる一九八八年の環境派への転向や、ドイツのコール元首相の環境積極派発言、アメリカのクリントン元大統領とゴア元副大統領の姿勢、などが知られている。首相や大統領という個人の関心がどれだけ国全体の政策決定に影響を及ぼしうるのかという点については、主張が分かれている。国の政策決定に関する手続きや制度によっても違ってくる。一般的に、フランスや日本のように官僚組織が政策決定の中枢となっている国では、国家のトップの声は反映されづらいといわれる。他方、アメリカのような大統領制では、個人の影響が大きいといわれる。しかし、アメリカで大統領がブッシュからクリントン、そして、ブッシュ（息子）と替わっても、議会の影響を受けてアメリカとしての気候変動問題への対応にはあまり変化がないということがあるように、個人の関心だけでは、民主主義を掲げる国の決定を大きく変えるのは困難である。

その他、注目されるべき政治的指導者として、環境保全を主な目的とした政党の台頭がある。この動きは、日米では見られないが、ヨーロッパ諸国では一九九〇年代に急速に見られた。しかし、最近では、環境保全積極派の間でも政策の優先度の点で意見が分裂する、あるいは、他の政党も環境保全に関心を持つようになり、環境派政党の独自性が失われており、環境政党は一時期の流行から一段落したようである。

そのなかで、ドイツでは、一九九八年の選挙で緑の党が初めて連立政権として与党の座を獲得した。その後、原発を三〇年かけて全廃していくという計画をたて、同年エネルギー利用に課税するいわゆる環境税を導入した。翌年二〇〇〇年には再生可能エネルギーの促進のために補助金を出すなど、積極的に環境保全政策を進めている。その背景では、環境税による税収を社会保障にまわして失業対策に充てるなど、環境以外の問題との協調が図られている。

環境政党が議会のなかで獲得できる議席数は、その国の選挙制度に依存する。ドイツで環境政党が議席をとりやすいのは、全投票数の五％を確保できれば議席が与えられるという比例代表制のため、といわれる。反対に、たとえばアメリカのように二大政党制が確立している国では、第三政党が多数を占めるのは困難である。

他方、環境政党が議席を伸ばさないことがすなわち環境に消極的ということでは決してない。たとえば、アメリカでは一九八九年にアメリカの当時上院議員であったゴアが中心となり、超党派の環境に関心をもつ議員グループ、グローブ（GLOBE）を結成した。グローブはその後、アメリカの他に日本とEU、そして現在では途上国にまでその輪を広げている。

科学者――科学的知見

地球環境問題の解決を困難にしているひとつの理由として、科学的不確実性が挙げられる。気候変動問題でも、大気中CO_2濃度が本当に上昇しているのか。濃度が上昇すると本当に気温が上がるのか。気温が上がると、本当に人類や生態系にとって悪影響が及ぶのか。という幾重にも重なる疑問が、対策に反対する人々の根拠となっている。したがって、対策を求める側としては、これらの疑問にひとつずつ答えていく必要があり、そのために科学者の役割が重要になってくる。

前章で見てきた諸環境問題でも、科学的知見の集積が交渉を始める前のステップとして重視されていたことがわかった。酸性雨の問題では、RAINSモデルという、大気汚染物質の散布状況を解析するモデルが、議定書交渉における各国の責任分担に合意する上で役に立った。オゾン層破壊問題では、問題が認識されるきっかけとなったモーリナ・ローランド両科学者個人のみならず、NASAやその他の国のオゾン層でのオゾン量の計測結果が、問題解決の促進に役立った。

気候変動問題に対して、国際社会がまずとった行動は、一九八八年のIPCC設立であった。IPCCでは、世界中からこの問題に関係する研究を行っている科学者が集められ、その知見を集積した評価報告書が五年ごとに出されている。評価報告書とは別に、政策決定者から要請があったときには、特別報告書や技術報告書という比較的簡潔な報告書を提出し、政策決定において必要となる科学的知識を提供している。

問題解決に向けた政策決定過程における科学者の重要性は、問題によって異なると考えられている。いくつかのケースでは、科学者の知見が問題解決に圧倒的な役割を果たしたと考えられている。このような科学者の集まりは、専門家集団[*35]と呼ばれており、この集団が国際法策定に果たした役割に関する研究が一時期多く見られた。この代表的な研究がハース[*36]の論文である。ここでは、地中海の水質改善のために一九七五年に設立された地中海行動計画[*37]や一九八七年に採択されたモントリオール議定書を対象に、そこにおける専門家集団の役割を分析し、これが国際協調にとって不可欠であったとしている。他方、ペーターソン[*38]は、国際捕鯨委員会を例にとり、鯨の専門家が同委員会の決定に参加してはいるものの、最終決定に影響を及ぼすまで至っていないと結論づけた。

これに対して、科学的知見が国際交渉に与える影響の限界、あるいは交渉過程においてある局面においてのみその有効性を認める主張もある。

ジャサノフとワイン[*39]は科学と政策決定との関係に関する研究論文をくわしくレビューした上で、科学と政策決定との間の関係は単純なものでなく、互いが複雑に関連し合っていると主張した。つまり、いろいろな科学的知見があるなかから、政策決定者はその一部だけを取り上げ、それをもとに決定を行っていく。その科学の選択は、政策決定者の利益にかなう故意の選択かもしれないし、たまたま信頼できる知り合いの学者から教わった、ということかもしれない。その複雑な関係を解明するために、構造主義[*40]的アプローチをとることを勧めている。つま

＊35 epistemic community.
＊36 Haas 1989; 1992.
＊37 Med Plan.
＊38 Peterson 1992.
＊39 Jasanoff and Wynne 1998.
＊40 constructivism

り、科学者や政策決定者などの主体の認識[*41]や主体間の言説[*42]や慣習、社会的な目標および規範についてくわしく見ていかなければならないということである。さらに、オゾン層破壊と気候変動を取り上げ、科学的知見が生じればすぐに政策が決定されるというようなものではないことを構造主義的アプローチで示している[*43]。

このなかでとくに言説の観点からオゾン層破壊問題に関する国際交渉を分析したのがリトフィンである[*44]。ここでは、やはりモントリオール議定書の交渉を対象としたが、交渉において科学的知見が、それぞれ国の主張を正当化するために利用された過程を分析し、知識と政治力との関係をまとめた。また、気候変動問題のように現象が複雑な問題では、科学が政策決定に及ぼす影響に限界が生じやすい。ボーマー・クリスチャンセン[*45]は、一九八〇年代に気候変動が生じる可能性を論じていた科学者は、環境保護団体や自然エネルギー関係者と連携を組み、この種の研究の重要性を訴えていったが、エネルギー価格の下落や規制緩和の時期と重なったため、政府が気候変動問題に関心を寄せなかった、としている。そして、気候変動に関する科学者の機関であるＩＰＣＣに関しても、あまりに科学的中立な立場を維持しようとしたことが、かえって政策への影響力を低下させてしまったと判断している。ただし、後者の点については、ＩＰＣＣのＩが国際（International）ではなく政府間（Intergovernmental）とされた経緯にもあるように、政府関係者の関与を前提としている組織となっていることから、逆に、科学的中立性を守れなかったのではとする考え方もあり、評価は定まっていない。

企　業

地球環境問題における企業の役割は、さまざまである。

＊41　cognition
＊42　discourse
＊43　Jasanoff 1990.
＊44　Litfin 1994.
＊45　Boehmer-Christiansen 1994.

多くの場合、環境問題を引き起こすのも企業であるし、問題を解決するのも企業である。そのため、国の政策決定においては、その問題に関連する企業の意向が強く反映される。オゾン層破壊問題の場合には、CFCを製造するデュポンやICI、そして、CFCを利用する半導体や家電メーカーが各国の政策決定に強い影響を与えた。気候変動問題では、石油、石炭、電力といったエネルギー産業が強く関わっている。

環境問題と企業の行動との関係は複雑である。環境保全を目的とした政策がある産業の活動を制約する場合には、その産業は、環境保全政策に反対するだろう。その反対の理由として、まず、環境問題の不確実性があげられる。自分の生産しているものが本当に環境問題の原因となっているのか、という点が問われる。それが明確になると、次は、誰がどれほど対策をとるのか、という問題になる。たとえば、気候変動問題では、どの国が対策をとってもその効果は同じであるから、自分が対策をとっても別の国の同業者が対策を実施しなければ、国際競争力の点で不利になってしまう。そのような考え方は、国全体の態度につながる場合が多い。それでも最後に対策を受け入れた場合には、対策をとるかわりに、補助金などのかたちで国から別途支援してもらう可能性が残されている。

対策がある企業の活動を制約する場合でも、それが常にその企業にマイナスに働くわけではない。その制約がきっかけとなって、新しい技術や製品が開発されることがある。CFCの代替製品、あるいは、ガソリン自動車に代わる電気自動車などがよい例である。ある対策がビジネスチャンスとして見ることができるようになった企業は、その対策が一国のみならず、国際的な基準となることがさらにビジネスチャンスを増やすことになる。

ひとつの国の中では、この二つの相反する流れ――企業活動の制約として政策に反対する動きと、新たなビジネスチャンスとして政策を支援する動き――のなかから、一国全体の態度が固まってくる。

最近では、地球環境関連の国際会議には多くの企業がオブザーバーとして参加するようになり、環境ＮＧＯに対してビジネスＮＧＯ（ＢＩＮＧＯ）と呼ばれるようになった。この二種類のＮＧＯはたまには互いを批判し、時には協力しつつ、政府間の交渉に影響を与えている。国境を越えた経済界のつながりとして代表的な「持続可能な発展のための世界経済人会議（ＷＢＣＳＤ）」[*46]では、製品、サービスの物質集約度の低減や有毒物質拡散の抑制など七つの環境効率性ガイドラインを提示し、自主的に環境保全型の経済行動を確立しようとしている。[*47]

他方、企業は、必ずしも国内にとどまっているわけではない。国際レベルにおける国以外のアクターとしての役割には、多国籍企業として世界に進出する役割、または貿易や直接投資によって外国の経済に影響を及ぼす役割がある。[*48] このような企業による資金流量は毎年増加し、現在では途上国への政府開発援助（ＯＤＡ）[*49]よりも民間の資金流量の方がはるかに多くなっている。このように国際的に活動している企業に関しては、その上位五〇〇社が全世界の貿易の七〇％、直接投資の八〇％を占めている。[*50] これらの企業は、相手の国、とくに環境政策がまだ浸透していない途上国の環境に、さまざまな影響を与える（第五章、六章参照）。

また、企業と環境保護団体との協力は、政府にはできない新しいタイプの環境保全の道を開拓している。一九八九年三月、アラスカ州プリンスウィリアム湾において、エクソン・バルディーズ号が座礁し、二五万八〇〇〇バレルもの原油が流出した。その結果、その地域周辺の自然環境や海洋野生生物に多大な被害を及ぼした。その後、ＣＥＲＥＳ[*51]という市民団体はバルディーズ原則という、企業が環境保全にあたって考慮すべき一〇〇の原理・原則を定めて、この

＊46　World Business Conference on Sustainable Development.

＊47　Schmidtheiny 1992.

＊48　Korton 1995.

＊49　Official Development As-sistance.

＊50　Chatterjee and Finger 1994.

＊51　Coalition for Environmentally Responsible Economies.

原則に従う企業に投資することにした。このようにある事件をきっかけとして、企業と市民団体が政府の介入なく新しい行動基準を自主的に策定していくような事例も見られている。

環境保護団体

環境保護団体（環境ＮＧＯ）[*52]とは、環境保護を目的とした非営利組織である。数百万人という大きな組織から数人の小さなものまであり、その目的や手段もさまざまである。

ＮＧＯの数は、一九七〇年代から急速に増加しており、現在の正確な数は把握できていない。一説によれば、インドだけで一万二〇〇〇、フィリピンには一万八〇〇〇もあるという[*53]。また、ひとつの団体の会員数も増えている。アムステルダムに本部をおくグリーンピースの会員は、一九八五年には一四〇万人であったが、一九九〇年には、六七五万人に増加している。

環境保護団体は、それぞれの国の中で、政策決定に重要な役割を果たすとともに、国家という枠を超えて、他の国の環境保護団体と連携し、国際的な交渉の場に直接影響を及ぼそうとすることもある。その意味で、環境保護団体を研究対象として取り上げる際、国内の政策決定におけるひとつのアクターとして扱う方法もあるし、また、国際レベルの交渉における新たなアクターとして扱う方法もある[*54]。

国内のさまざまな組織が複雑に関与しながら、その関与の結果として、国の決定が定まると考える場合、環境保護団体は産業関係団体や政治団体と同様、圧力団体のひとつとして扱われることになる。このアプローチは、国内での政策決定過程における環境保護団体の役割を対象に研究を進めたい場合には有用な方法である。ここで注意すべきは、その役割の特殊性である。たしかに国内の組織のひとつであっても、産業関連の組織とは、活動の目的、手段、役割

＊52　Environmental Non-governmental Organization　ＮＧＯというと環境保護団体を指す場合が多いが、本来の意味は「非政府組織」であり、企業などの営利目的の組織も含まれる。日本語の「環境保護団体」を指す場合には、environmental NGO とするのがより正確である。非営利団体（Non-Profit Organization, NPO）という場合には企業は排除されるが、地雷撤去や慈善団体など環境保全以外の目的を掲げた活動をしている団体もあるため、この場合も environmental NPO の方が一般的といえる。

＊53　Princen and Finger 1994.

＊54　Doyle and McEachern 1998；毛利　一九九九。

が異なる。また同じ環境保護団体のなかでも異なる場合が多い。何がそのＮＧＯにとっての利益なのか。何を最大化することを目的として行動するのか。政策決定過程のいつの時点でどのように主張しているのかを把握することが重要である。さらには、ＮＧＯと「世論」との関係も明確にしておくことも大切である。環境保護団体は市民の代弁者なのか、あるいは、広報活動を通して世論を形成する役割を果たしているのか。必ずしも環境保護団体の主張と世論とは一致していない。

他方、地球環境問題への対応は、国家を単位とする現在の国際体系はそもそも不適切であり、もっと別の意思決定体系、あるいはガバナンスが必要なのだという考え方もできる。このようなアプローチをとる場合、環境保護団体の越境的（トランスナショナル）な活動は、その不適切な状態を打破する象徴として扱われる。かつて、一国の裁量では解決できない問題は、国の政府の間で協議を行って解決が図られた。しかし、地球環境問題では、どの国も大きな負担となるような環境対策には消極的になるため、国と対等に交渉する立場で直接環境保護団体が参加し、交渉過程に影響を及ぼしていくことが重要となる。[*55]

環境保護団体のなかには、前者の枠組みである国内の政策決定のなかで主要な活動を行っているものもあれば、後者の枠組みである国際交渉の場で主要な活動を行っているものもある。また、扱う問題も、町を流れる川をきれいにするといったローカルなレベルから、野生生物の保護、熱帯雨林の保護、気候変動問題、原発反対、とさまざまである。さらには、活動方法も、海洋投棄の現場へゴムボートで乗りつけるような直接行動に出て世論に訴える団体から、啓蒙活動に力を入れる草の根の団体、あるいは、研究を中心として政府への政策提言を行う団体などがある。環境保護団体を研究する場合は、このような戦略の違いが国際政治に果たす役

＊55　Lipschutz and Mayer 1996; Keck and Sikkink 1998.

割の違いにもたらす影響を十分に配慮する必要がある。[*56]

グリーンピース[*57]は、「国」という枠を取り払った世界観を持って行動している典型的な環境保護団体である。同団体は、世界中の人々の環境保全に対する意識の向上を目的として、デモンストレーションなどの手段を用いて直接行動に訴える。環境破壊の主体が国であっても企業であっても、グリーンピースの手段は変わらない。また、同団体が持っている価値観を一方的・継続的に主張し続けることにより、メッセージを一般の人にもわかりやすくしている。

一方、世界野生生物基金（ＷＷＦ）[*58]は、実際に環境破壊が生じた地域に入り、自ら環境回復を実施する戦略をとる。同団体も、国という枠に拘束されていないという点では前者と同様であるが、大胆な行動によって世界中の人の意識を高めるよりは、環境が破壊されている地域の人々との対話を深めながら自ら環境回復にあたる点で、特殊性を見い出している。最近では、同団体のシンボルマークのついたグッズを販売しその売上げ金を同団体の活動資金に当てるなど、環境保全と経済活動を両立させる例を自ら実行している。

前の二団体が国という従来の意思決定の枠からはずれているのに対して、地球の友[*59]は、枠の中同士の連携という立場をとっている。それぞれの国に存在する地球の友がその国の政府に働きかけ、国の態度を変えようとする。さらには、国と市民社会、あるいは市民社会同士がネットワークを形成することにより、いわば地球レベルでの市民社会を作り上げようとする。

さらには、国家間の交渉に関する情報を一般の人に知らせることにより、国の行動を監視するような役割を果たしている環境保護団体もある。持続可能な発展のための国際研究所（ＩＩＳＤ）[*60]は、国際交渉の議事録を取り、翌日にはウェブサイトと電子メールで世界中の人に公開する。今まで一般の人にとっては遠い存在であった国際交渉の一部始終がわかるようになり、

＊56　Wapner 1996.

＊57　Greenpeace

＊58　World Wildlife Fund for Nature.

＊59　Friends of the Earth.

＊60　International Institute for Sustainable Development.

国内での世論形成に役立っている。

このように、違った世界観から違った戦略が組まれ、環境保護団体の活動は多様化する。多様化することにより環境保護団体の行動が国際政治に与える影響はますます大きくなっているといえよう。

地方自治体

国内の環境問題であれば自治体が関係してくるのは理解できるが、地球環境問題にも自治体が大きな役割を果たし始めている。各国ごとに中央政府と地方自治体との関係は異なるために、自治体が国際交渉に及ぼす影響も違った形態をとっている。どの国にも共通していえることは、地方自治体が、地球環境問題を、自治体の自立性を高めるための手段として考えていることである。したがって、自治体は、中央政府とうまく連絡をとりながらも、独自性を出しながら国際社会への道筋を展開している。

自治体の環境問題への取り組みは、やはり一九八〇年代からが主流である。たとえば、ヨーロッパの環境保護団体である地球の友は一九八八年に「地方自治体のための環境憲章」を公表し、自治体が地球環境保全のためにできることを指摘した。また、一九九〇年には、国際環境自治体協議会（ＩＣＬＥＩ）[*61]が発足し、自治体の国境を越えた連携ができるようになった。現在、ＩＣＬＥＩには五〇カ国ほどの国から約二四〇の自治体が加盟し、国を超えた自治体の連携を深めている。ＵＮＣＥＤでは、アジェンダ21の二八章に自治体の役割を明記することにＩＣＬＥＩが役割を果たした。また、ＵＮＣＥＤのサイドイベントとして自治体会議を開き、開催された都市の名をとりクリチバ宣言が採択された。

＊61　International Council for Local Environmental Initiatives.

現在、アジェンダ21に掲げられた計画に従い、自治体ではローカルアジェンダを作成する動きが各国でさかんとなっている。ただし、このような自治体の活動が見られていながらも、この点に関する研究は、どのような活動がなされているかといった調査やケーススタディーに限られており、それを裏打ちする理論形成や学術的な枠組みの発展にはいたっていないのが現状である。

5 その他の行動主体

国の連合体

国内の主体は、今までの国という概念を超えて行動していることが、新たな動きとして注目されているが、それとは別に、複数の国が地域連合体を作り、時としてひとつの国のように意思決定する現象も見られている。その先駆的な動きとしては、欧米における北大西洋条約機構（NATO）[*62]などの軍事協力のための連合体や、東南アジアにおけるアセアン（ASEAN）[*63]やラテンアメリカのメルコスール（MERCOSUL）[*64]のような経済協力のための連合体などがあるが、より強固な政治経済的統一を目指しているのが、ヨーロッパのヨーロッパ連合（EU）[*65]である。

ヨーロッパ連合（EU）

ヨーロッパ連合は、現在二七カ国で構成されている。ヨーロッパ共同体（EC）[*66]が母体とな

*62 North Atlantic Treaty Organization.

*63 Association of Southeast Asian Nations.

*64 Mercado Comun del Sur.

*65 European Union.

*66 European Community.

り、一九九二年二月に署名され一九九三年一一月に発効したマーストリヒト条約にもとづいて発足した。そのなかで、従来は、第一一総局（ＤＧＸＩ）が環境と核安全を担当していたが、近年、組織改正を実施し、エネルギーや気候変動を担当する総局を強化している。

ヨーロッパ連合の誕生により、ヨーロッパでは環境政策に関する新たな動きが見られるようになった。

ひとつは、ヨーロッパ連合内の環境政策の調和である。環境基準や製品の基準をヨーロッパ域内で統一することにより、厳しい規制を実施する国の企業が規制の緩い国の企業に対して競争力を維持することが目的である。これは、域内での国際交渉であるが、決して簡単ではない。ヨーロッパのなかでもドイツやデンマークのように比較的環境問題に熱心な国から、旧東欧諸国のように、環境問題よりも経済成長に重点が置かれている国もある。最も消極的な国の意見にしか合意が得られない場合には、対策がむしろ遅延する場合もある。

二つめには、ヨーロッパとしての国際交渉力の強化である。国際交渉を行う場合、一九九二年までは、各国がそれぞれ独自の態度を表明していた。しかし、ドイツやイギリスなど一部の国を除くと、ヨーロッパの国は、人口においてもＧＤＰにおいてもアメリカと比べるとはるかに小さい。そこで、ヨーロッパ連合としてひとつにまとまって交渉に臨むことにより、交渉力を得ようとしている。このような交渉方法により、たしかにヨーロッパ全体としての主張は尊重されているが、意思決定過程が、国―ヨーロッパ連合―国際会議と三段階にわかれるようになったために、連合内での決定に時間がかかるなどの負担も指摘されている。

ヨーロッパ連合のようなスタイルの国の連合体は、世界の他地域ではまだ見られていない。しかし、ヨーロッパ連合は、国のあらたな協調のあり方として、あるいは、国に代わる新たな行動主体として注目されている。

経済協力開発機構（OECD）

従来は、ヨーロッパの第二次世界大戦後の復興を目的として計画されたマーシャルプランの下、一九四八年に設立されたヨーロッパ経済協力機構（OEEC）が母体となっている。その後、アメリカやカナダが加盟するにつれ、先進国全体の経済問題について議論する場として名称を経済協力開発機構（OECD）に変更した。近年ではスロバキアや韓国なども加盟し三〇カ国が加盟国となっている。

OECDは現在でも経済問題を中心に議論する場ではあるものの、環境問題への関心は毎年高くなってきており、OECDは先進国間での環境政策を非公式に議論する場としても利用されるようになっている。気候変動問題などにおいても、排出量取引など、交渉のなかでもとくに先進国のみに関わる問題に関しては、OECDでワークショップを開催するなど、先進国間の意見交換を促進するフォーラムとしての役割を果たしている。

また、OECDは独自で加盟国の環境政策について評価し、報告書にまとめている。この報告書に示された勧告には拘束力はないものの、各国政府はその勧告を参考に今後の環境政策を進めることが期待されている。

参考文献

蟹江憲史　二〇〇一『地球環境外交と国内政策――京都議定書をめぐるオランダの外交と政策』慶應義塾大学出版会。

環境事業団　二〇〇一『環境ＮＧＯ総覧』財団法人日本環境協会。

竹内敬二　一九九八『地球温暖化の政治学』朝日選書。

田邊敏明　一九九九『地球温暖化と環境外交』時事通信社。

毛利聡子　一九九九『ＮＧＯと地球環境ガバナンス』築地書館。

Allison, G. 1962 *Essence of Decision*. New York: Longman.

Beuermann, C. and J. Jaeger 1996 Climate Change Politics in Germany. in T. O'Riordan and J. Jaeger (eds.), *Politics of Climate Change*. London: Routledge, pp.186-227.

Boehmer-Christiansen, S. 1994 Global Climate Protection Policy: The Limits of Scientific Advice, part 1 and 2. *Global Environmental Change* Vol.4 No.2, pp.140-159, Vol.4 No.3, pp.185-200.

Brenton, T. 1994 *The Greening of Machiavelli*. London: The Royal Institute of International Affairs, Earthscan.

Brickman, S. J. and T. Ilgen 1985 *Controlling Chemicals: The Politics of Regulation in Europe and the United States*. Ithaca: Cornell University Press.

Chatterjee, P. and M. Finger 1994 *The Earth Brokers: Power, Politics and World Development*. London: Routledge.

Doyle, T. and D. McEachern 1998 *Environment and Politics*. New York: Routledge.

Evans, P., H. Jacobson and R. Putnam (eds.) 1993 *Double-Edged Diplomacy: International Bargaining and Domestic Politics*. Berkeley: University of California Press.

Fermann, G. 1992 *Japan in the Greenhouse: Responsibilities, Policies and Prospects for Combating Global Warming*. Lysaker : The Fridjof Nansen Institute.

Haas, P. 1989 Do Regimes Matter? Epistemic Communities and Meditteranian Pollution Control. *International Organization* Vol.43 No.3 Summer, pp.377-403.

Haas, P. 1992 Banning Chlorofluorocarbons: Epistemic Community Efforts to Protect Stratospheric Ozone. *International Organization* Vol.46 No.1 Winter, pp.187-224.

Hajer, M. 1995 *The Politics of Environmental Discourse*. New York: Oxford University Press.

Jasanoff, S. 1990 *The Fifth Branch - Science Advisers as Policymakers*. Cambridge: Harvard University Press.

Jasanoff, S. and B. Wynne 1998 Science and Decisionmaking. in S. Rayner and E. Malone (eds.), *Human Choice and Climate Change vol.1 The Societal Framework*, Columbus: Batelle Press, pp.1-87.

Kawashima, Y. 1997 Comparative Analysis of Decision-making Processes of the Developed Countries towards CO_2 Emissions Reduction Target. *International Environmental Affairs* Vol.2 No.2, pp.95-126.

Kawashima, Y. 2000 Japan's Decision-making about Climate Change Problems: Comparative Study of Decisions in 1990 and in 1997. *Environmental Economics and Policy Studies* Vol.3, pp.29-57.

Keck, M. and K. Sikkink 1998 *Activists Beyond Borders: Advocacy Networks and International Politics*. Ithaca: Cornell University Press.

Knoepfel, P. 1981 *Comparative Analysis of the Implementation of SO2 Air Quality Control Policies in Europe: Conceptual Framework and First Results*. Berlin: WZB.

Korton, D. 1995 *When Corporations Rule the World*. West Hartford: Kumarian Press.

Litfin, K. 1994 *Ozone Discourses: Science and Politics in Global Environmental Cooperation*. New York: Columbia University Press.

Litfin, K. 1998 The Greening of Sovereignty: An Introduction. in L. Karen (ed.), *The Greening of Sovereignty in World Politics*. Cambridge: MIT Press, pp.1-27.

Lipschutz, R. and J. Mayer 1996 *Global Civil Society and Global Environmental Governance: The Politics of Nature from Place to Planet*. Albany: SUNY Press.

Maddison, D. and D. Pearce 1994 *The United Kingdom and Global Warming Policy*. CSERGE Working Paper, p.5.

O'Riordan, T. 1979 The Role of Environmental Quality Objectives in the Politics of Pollution Control. in T. O'Riordan and R. C. D'Arge (eds.), *Progress in Resources Management and Environmental Planning* Vol.1. New York: John

Wiley and Sons, pp.1-27.

Peterson, M. 1992 Whalers, Cetologists, Environmentalists, and the International Management of Whaling. *International Organization* Vol.46 No.1, Winter, pp.47-186.

Princen, T. and M. Finger (eds.) 1994 *Environmental NGOs in World Politics: Linking the Local and the Global*. London: Routledge.

Public Relations Department of the German Bundestages 1989 *Enquete Commission of the 11th German Bundestag on Preventive Measures to Protect the Earth's Atmosphere- An International Challenge*. Bonn: The German Bundestages.

Putnam, R. 1988 Diplomacy and Domestic Politics: The Logic of Two-level Games. *International Organization* Vol.42 No.3, Summer, pp.427-460.

Reich, M. R. 1984 Mobilizing for Environmental Policy in Italy and Japan. *Comparative Politics* Vol.16 No.4, pp.379-402.

Rowbotham, E. and T. O'Riordan 1994 *United Kingdom's Policy Response to Global Warming*. CSERGE, University of East Anglia.

Schmidheiny, S. with Business Council for Sustainable Development 1992 *Changing Course: A Global Business Perspective on Development and the Environment*. Cambridge: MIT Press.

Schneider, S. 1989 *Global Warming: Are We Entering Greenhouse Century?* San Francisco: Sierra Club Books.（内藤正明・福岡克也監訳　一九九〇『地球温暖化の時代』ダイヤモンド社）

Schreurs, M. 2002 *Environmental Politics in Japan, Germany, and the United States: Competing Paradigms*. Cambridge: Cambridge University Press.（長尾伸一・長岡延孝監訳　二〇〇七『地球環境問題の比較政治学』岩波書店）

Sims, H. 2000 States, Markets, and Energy Use Patterns in China and India. in P. Chasek (ed.), *The Global Environment in the Twenty-first Century: Prospects for International Cooperation*. New York: United Nations University Press, pp.22-41.

Vogel, D. 1986 *National Styles of Regulations: Environmental Policy in Great Brutain and the United States*. Ithaca: Cornell University Press.

Vogel, D. 1987 The Comparative Study of Environmental Policy: A Review of the Literature. in M. Dierkes, H. Weiler and A. Antal, *Comparative Policy Research: Learning from Experience*. Hants: Gower Publishing Company, pp.10-32.

Wanersforde-Smith, G. 1978 *Projects, Policies and Environmental Impact Assessment: A Look Inside California's Black Box*. Berlin: WZB.

Wapner, P. 1996 *Environmental Activism and World Civil Politics*. Albany: SUNY Press.

ズームアップ・コラム

日本の環境保護団体

日本の環境保護団体は、欧米と比べると発展は遅かったものの、ここ数年で急速にその数と能力を格段に伸ばしている。

二〇〇八年版の『環境NGO総覧』（環境事業団　二〇〇八）によれば、日本国内で環境関連の活動をしている団体は四五三二団体。その七割以上が一九八〇年代以降に設立されている。活動内容は、リサイクル推進や自然保護など、地域に密着した行動が主である場合が多い。また、環境教育などの啓蒙活動も多い。地球温暖化や砂漠化など地球環境問題に取り組んでいる団体は全体の八％ほどであり、地球環境問題が重要とはわかっていながらも、自分でできることというと、より身近なものになりがちな傾向がうかがえる。

環境保護団体の活動例。国際交渉会議で環境問題にとって好ましくない発言をした国を取り上げて表彰（?）する。

環境保護団体全体に見られる傾向として、その行動の方法の変化がある。かつては役所への陳情など、企業や行政にある行為を中止してほしいという希望を訴えにいく行動が中心であった。しかし、近年では、政策提言型の活動が増えている。環境保全のためにある行動を中止してもらうだけではなく、より良いと考えられる代替案を用意していく。代替案を用意するためには、行政側からの十分なデータを入手する必要があり、環境NGOの政策提言能力は、政府の情報公開度とともに向上している。また、一九九八年に施行された特定非営利活動促進法（NPO法）により、承認された団体には税制の優遇措置が図られるようになったことも、今後、日本の環境保護団体がさらに影響力を持つための追い風となっている。

第III部

§

地球環境問題と他の問題との関係

§

「大勢の貧しい人と少数の豊かな人で構成される人間社会、貧困という海に囲まれた富という名の島々の世界は、持続可能ではない。」——ヨハネスブルグ環境開発サミット（二〇〇二年）、ニティン＝デサイ事務局長の開会のことばより

第5章　途上国の環境問題

地球環境問題の多くは、環境問題に全面的に取り組む余裕のない途上国で生じている。これらの国では、自国内の経済発展とそれに伴う公害、それに加えて近年関心が高まってきた地球環境問題の三つの課題に同時に取り組むことが求められている。

この章で学ぶキーワード

- ◎環境クズネッツ曲線
- ◎地球環境ファシリティー
- ◎環境・債務スワップ
- ◎クリーン開発メカニズム（CDM）
- ◎共通だが差異ある責任

1　途上国と持続可能な発展

一九七二年のストックホルム国連人間環境会議から一九九二年のUNCEDを経て、現在にいたるまで、地球環境問題が単純な環境保全の議論だけでは済まされない背景には、途上国の経済発展が思うように進んでいないという状況が存在していたことを、第一章で見てきた。また、途上国の貧困から生じている環境破壊・汚染がそれ自体、ひとつの地球環境問題として認識されていることを、第二章でふれた。地球環境問題の根本的解決には持続可能な発展の道を模索しなければならないが、途上国で持続可能な発展が実現しないかぎり、地球全体で持続可能な発展を遂げることは不可能である。

途上国と地球環境問題との関係は、大きく二種類に分けられる。ひとつは、途上国内における経済発展と環境保全との両立である。多くの途上国にとって経済発展は最優先の課題であるが、資源の制約や公害の深刻化に伴い、環境問題にも配慮しなければ経済発展自体が抑制されることになるような状況に追い込まれている。二つめは、地球規模の環境問題への対応である。気候変動や生物多様性など、先進国が関心を持って国際法の制定に向けた交渉が開始されると、途上国もその交渉に対応しなければならない。先進国にとっては、国内の公害と地球規模の問題が別々の時期に生じたため、ひとつずつ対応しながらくぐり抜けることができた。つまり、一九七〇年以前に急速な経済発展とそれに伴う公害を経験し、それが一段落した後に、地球環境問題に取り組んでいるのが先進国である。ところが、今日の途上国は、この二つの種類の問題が同時に起き、どちらにも真剣かつ緊急に対応しなければならない立場におかれている。[*1]

＊1　Daly and Cobb 1989; Costanza 1991.

そこで、本章では、焦点を途上国に移し、地球環境問題に直面する途上国の現状を見ていく。ここでも、議論を二つに分ける。第一は、途上国自身の経済発展と環境保全との両立に向けた対応に関するものである。経済発展と環境保全の両立といっても、環境保全どころか経済発展さえもままならない国も多い。したがって、持続可能な発展を実現するためには、経済発展の経路そのものについてもここでふれる必要があるだろう。したがって、まずは、経済発展の基本理論を学ぶ。そして、経済発展と環境保全との関係を改めて議論する。そして、経済発展と環境保全を両立させるための方策や今後の課題を述べる。

第二の議論として、途上国の地球規模の環境問題への対応を紹介する。気候変動や生物多様性などの地球規模の環境問題に対する条約交渉は、先進国が中心となりやすいが、そのような場において途上国はいかに対応しているのか、それによって、途上国にはどのような利害が生じるのかを見ていく。ここでは、地球規模の問題への対応が、経済発展と環境保全との両立にも寄与する方策があることについても考察する。

先進国と途上国が地球環境問題に協力して取り組む場合、公平性が問題となる。経済的な豊かさの水準が異なる多数の国が一つの問題に取り組む際、いかなる基準で取り組みの負担を配分すべきだろうか。この課題に対して用いられる言葉が、一九九二年のＵＮＣＥＤでも提示された「共通だが差異ある責任」である。途上国は、地球環境問題を自分たちの問題としても認識する必要はあるものの、負担の配分は、先進国と比べて差異が認められるべきということである。しかし、その「差異」化の決定方法については、解答は得られていない。ここでは、負担の配分の際の公平性の議論についてもくわしく見ていく。

2　途上国の発展――理論と現実

途上国の経済発展に関する研究の多くは、経済学、とりわけ開発経済学の分野において発展してきた。

そもそも、ある国が存在するとして、その国はどのように経済「成長」していくのだろうか。現在の先進国も、最初から先進国だったわけではない。たとえば、日本は、第二次世界大戦後には経済活動の基盤が崩壊していたが、そこから急速な工業化を経て、経済大国と呼ばれるようにまでなった。逆に、アルゼンチンなどのように、二〇世紀初頭には先進国の一員であったにもかかわらず、その後の政治的混乱により経済成長が鈍化し、途上国の経済水準にとどまってしまった国もある。

ロストー[*2]は、国の発展段階を、①伝統的社会、②離陸のための条件、③離陸、④成熟期への移行、⑤大量消費時代の五段階に分け、どの国も遅かれ早かれ、この道をたどると考えた。この説によれば、現在、先進国と途上国の差があるのは、離陸の時期に差があるためであり、現在、途上国とされている国も、いつかは先進国となり、将来、世界すべての国が先進国として大量消費時代を迎えられることになる。

しかし、実際には、途上国の中には、経済成長の速度が非常に遅く、「離陸[*3]」にはほど遠い国もある。これらの国はなぜ「離陸」できないのか。ロストーは、伝統的社会からの「離陸」に必要となる条件として、近代科学の発展や貿易相手の存在といった経済発展の機会、効率のよい中央集権的な国家制度、などをあげている。現在途上国がその現状から抜け出せないのは、このような条件が整っていないからということになる。

また、クズネッツ[*4]は、先進国と途上国を比較し、経済発展の水準が低い国ほど、国内での貧富の差が激しいことを示した。この説によると、国が経済的に豊かになっていく初期段階では、国内の一部の裕福な層がさらに豊かになり、貧困層が取り残される結果、貧富の差が開くことになる。その後、ある時点を越えると富が貧困層にも回るようになり、貧富の差が縮まっていく。横軸に一人あたり所得、縦軸に国民の所得格差をあてると逆Uの字型になるカーブは、クズネッツ曲線と名づけられた。

＊2　Rostow 1960.
＊3　take-off
＊4　Kuznets 1955.

途上国の環境問題の多くが都市部の貧困層に関連することから、このような貧富の差は、環境問題にも影響を与える。アジア開発銀行（ＡＤＢ）[*5]などでは、縦軸に国内の貧富の格差のかわりに、環境劣化の度合いを用い、環境クズネッツ曲線と名づけた（図5−1）。この曲線により、途上国にとっては、経済発展を進めていくと、最初のうちは環境汚染が進んでしまうが、ある時期を過ぎると、経済発展の結果人々が豊かになり環境問題にも関心を持ち始める、また、技術開発が進んで環境によりやさしい技術が導入されるようになる、などの理由によって、経済発展と環境保全が両立できるようになるという解釈が生まれる。

ところが、現実は、ここにあげた理論どおりに進んでいない。一九五〇年において、先進国の一人あたりの所得は三八四一ドル（一九八〇年米ドル換算）であったのに対して、途上国の平均は一六四ドルであった。この額が、一九八〇年代には、先進国で九六四八ドルと二四二ドル、一九九五年には、それぞれ二万四九三〇ドルと四三〇ドルとなってしまっている[*6]。つまり、先進国と途上国の差は狭まるどころか広がっているのである。環境クズネッツ曲線についても同様で、先進国がたどってきた逆Ｕカーブと比較して、いくつかの途上国ではカーブの頂点が先進国より高くなっており（同じ経済水準における環境劣化の度合いが先進国の時より悪化しているということ）、本当に将来、カーブして徐々に環境が改善されていくのか、疑問が持たれている。

国際関係論の分野では、世界をひとつのシステムに見立て、その中で国がある一定のルールの下に国家間関係を築いていくという観方がある。このシステムのなかで、途上国は、国内の政策決定者の意思に関係なく動いていく。ワレンシュタイン[*7]は、この世界システム論を紹介し、そのなかで従属理論[*8]を示した。これによると、先進国（中心国）が途上国（周辺国）から

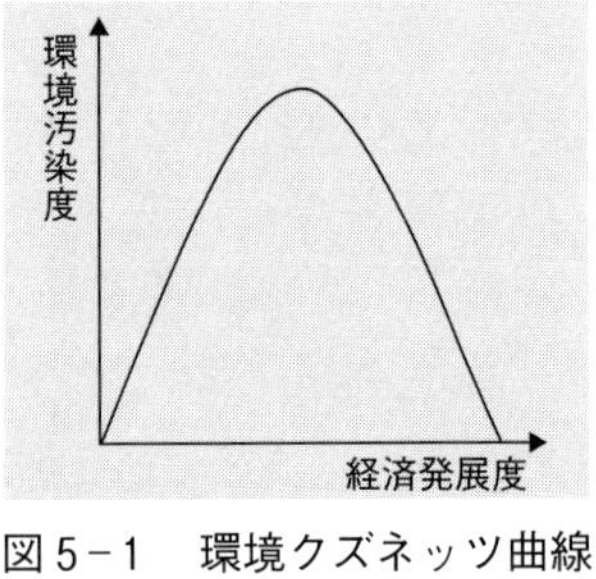

図5−1　環境クズネッツ曲線

＊5　Asia Development Bank.
＊6　Seligson 1998.
＊7　Wallenstein 1975.
＊8　dependency theory.

付加価値の低い自然資源をはじめとする一次資源を輸入し、付加価値の高い工業製品を作り、それを途上国に輸出するという構造ができあがってしまっているという。先進国は豊かになり、さらに効率のよい生産活動ができるよう再投資することになる。先進国と途上国との間の生産効率の格差はさらに拡大し、その結果、途上国はひたすら資源を輸出し続け、先進国では工業化が進み続けることになる。世界というひとつのシステムのなかで、先進国―途上国という構造ができあがってしまっているため、このシステムの構造自体が変わらないかぎり、途上国は常に先進国に搾取され、いつまでも途上国であり続けるというものである。

この理論は、一九七〇年代の状況をきわめて適切にとらえていたために、もてはやされた。しかし、これも一九九〇年代になると当てはまらない状況が出てくる。途上国のなかでも、新工業経済発展地域（ＮＩＥＳ）と呼ばれるアジア諸国など、人件費や土地の値段が安いといったメリットを生かして軽工業製品を輸出しながら工業化に成功する国が現れると、この理論も説明力が弱くなった。

現状は、ここで紹介した理論が説明している状況が交じり合いながら、時にその他の外部要因によって構造を変えて進展しているのだろう。ここでいう外部要因の具体例としては、たとえば、技術革新がある。今まで先進国で電話を普及させるためには、全国に電話線を引かなければならなかった。それが、近年では、携帯電話が主流になりつつある。また、その他のコミュニケーションの手段としても、郵便からファックス、そして今では電子メールとインターネットが急速に発展している。そのため、途上国は、先進国が通った同じ道を歩むのではなく、最初から携帯電話やインターネットを用いることを前提としたインフラ整備を計画できる。このように、最新の技術水準に一気に追いついてしまうことをリープフロッグ（蛙飛び）という。

途上国における環境保全に必要な技術や方策も、リープフロッグ型の発展形態が求められている。それは、簡単なことではない。最新の技術を用いた機器を設置しても、始終停電を起こす地域や定期的整備ができる技師がいない地域では、十分に使いこなせない。むしろ、その地域に合った技術が求められることになる。

3 途上国における環境問題の解決に向けた途上国での政策

途上国と一口に言ってもさまざまな途上国があり、その国によって、環境問題の種類も異なる。また、ひとつの国のなかでも、都市部と工業地帯、農村地域、沿岸地域、山岳地帯、などによって異なる環境問題が見られている。

多くの途上国では、都市部への人口集中が進んでいる。工業化が進んでいる途上国では、都市部に人が集まり、人口密度がきわめて高くなっている。メキシコ市、カイロ、カルカッタなどでは、大気汚染や水質汚濁といった、かつての先進国で見られたのと同じ公害問題が生じているだけでなく、一部の居住地域でのスラム化が問題となっている。また、人々の日常の暮らしから生じる一般廃棄物処理の問題も多くの途上国の都市部で深刻な問題となっているが、かつての先進国よりは今日の先進国の状況と近いものがある。

都市部から離れると、急激な工業化に対応するために、森林を伐採して道路や工業地帯が建設されている。自然が破壊されると、そこに生息する野生生物の個体数も減る。

工業化が進んでいない国では、人口増加などの理由から耕作面積の増加、森林破壊につながっている。また、地下水のくみ上げすぎなどの理由で、塩害、そして砂漠化が進む。

多くの途上国では、環境保全を目的とした省庁が先進国とほぼ同じ時期に設立されている。とりわけ一九七二年のストックホルム国連人間環境会議が契機になって多くの途上国で設立された。たとえば中国では、ストックホルム会議の準備のために環境政策に関する資料をまとめたのがきっかけとなり、一〇年後に今の環境政策立案の中心になっている国家環境保護庁（NEPA）が設立された。環境政策の中心となっている環境保護法が一九七九年に設立され、一九八九年に改正されている。同様に、インドネシアでは、ストックホルム会議を契機に、一九七二年、国家環境委員会を設置し、その後、一九七八年には開発環境省（PPLH）が設立され、環境政策全般にわたって監督することとなった。PPLHはその後、何回か名称を変え、一九九三年以降は、国内公害問題、地球環境問題、人口問題を扱う環境省（LH）として、環境政策の策定にあたっている。政策の執行は、環境管理庁（BAPEDAL）および、州ごとに設置された地域計画庁（BAPPEDA）および地域環境局（BKLH）が担当している。インドでは、少し遅れて、一九八〇年に環境省が設立された。環境保護法は一九八六年に制定されている。現在では環境・森林省となっている。

環境関連法規の制定時期も、途上国と先進国で大差はない。たとえば、環境評価制度については、アジアで最も法制化が遅れたのが日本だったほどである。したがって、途上国で環境問題が解決しないのは、環境関連政策を担当する政府機関がないからではなく、環境関連法規が十分に整備されていないからでもない。おもな問題は、法律が遵守されていないことにある。汚染物質の垂れ流し。排出基準を見て回る検査員の買収。木材や希少野生生物の密売。企業側に遵守する意思があったとしても、遵守するための費用よりも罰金の方が安ければ、罰金を選んでしまう。

　このように、途上国で環境問題が解決できない背景には、さまざまな要因があげられるが、これらの要因は研究や文献でもなかなか取り上げられにくく、実態がつかめていない。途上国の環境問題を地球環境問題のひとつとして考えるなら、これらの要因についてそれぞれ途上国政府や企業が取り組みやすくなるよう支援するのが先進国に与えられた役割となろう。

4　途上国での環境問題への取り組みを支援する枠組み

　途上国の環境問題への取り組みは、国際機関あるいは個別の先進国によって支援されている。環境問題に関連するおもな国際機関としては、世界銀行やＵＮＥＰなどの国連関係機関があげられる。また、個別の先進国からは二国間支援として、政府開発援助（ＯＤＡ）[*9]や教育・訓練のための制度などが存在する。[*10]さらに、近年では、政府以外の主体として、企業や環境保護団体が国境を超えて活動している。そこで、ここでは、国際機関、国の政府、その他、の順番でその役割を紹介していく。

世界銀行

世界銀行[*11]は、途上国の経済発展を財政面から支援することを目的として設立された国際機関である。世界銀行という名称が最も知られているが、正確には、世界銀行グループとして四つの機関の総称である。第二次世界大戦後、一九四五年に設立された国際復興開発銀行（ＩＢ

＊9　Official Development Assistance.
＊10　Miller 1991.
＊11　World Bank.

ＲＤ）[*12]は、途上国における事業に出資する。一九五六年に設立された国際金融公社（ＩＦＣ）[*13]は、途上国の企業を対象に資金を貸し出す。一九六〇年に設立された国際開発協会（ＩＤＡ）[*14]は、途上国のなかでもＩＢＲＤから資金を借りることができないほど貧しい国に対して、低利子で支援を行う。多国間投資保証局（ＭＩＧＡ）[*15]は、先進国の企業による途上国への投資の促進を目的に一九八八年に設立された。

国際通貨基金（ＩＭＦ）[*16]がマクロ経済の安定を目的に資金を導入するのに対して、世界銀行は、途上国の経済発展に寄与するプロジェクトを支援する。したがって、もともとは環境保全とは関係ないところである。しかし、ダムや道路建設といった大規模なプロジェクトの多くが、その地域の環境に多大な影響を与えることが、とくに欧米系の環境保護団体から指摘されるようになり、世界銀行としても環境保全との関係を考慮せざるをえなくなった[*17]。

一九七〇年、世界銀行は、その行内に環境助言課を設けたが、世界銀行の活動にほとんど影響を与えることがなかった。しかし、一九八〇年代に入り、環境保護団体からの世銀に対する批判が増えてきた。また、一九八五年には、アメリカ議会が、世銀に対するアメリカの出資を、世銀の環境面での改革を条件として行うという法律を通過させた。このような圧力により、世銀は、一九八五年に新たに環境部を設立した。また、環境に関する部署を作るだけでは全体を変えることができないと判断し、一九八七年には、プロジェクトの計画段階から環境への配慮が十分なされるよう、根本的な改革を実施した。これ以降、同行が出資する全プロジェクトには、環境事前評価（環境アセスメント）が義務づけられた。プロジェクト受け入れを希望する途上国の政府は、環境評価レポートの提出が求められるようになった。一連の改革は、ＵＮＣＥＤが開催された一九九二年以降も続いた[*18]。

＊12　International Bank for Reconstruction and Development.

＊13　International Finance Corporation.

＊14　International Development Association.

＊15　Multilateral Investment Guarantee Agency.

＊16　International Monetary Fund.

＊17　Le Prestre 1989; Munasinghe and Cruz 1995.

＊18　Rich 1994.

このような改革が実際にプロジェクトを変えた例もある。プロジェクト評価のために行内に新しく設置されたモース委員会が同年に出版した報告書では、環境保護団体から批判されていたインドのナルマダ渓谷開発計画が失敗であったと結論づけていた。同開発計画は、大型水力発電所とダム建設のために、周辺の森林伐採と大人数の住民移転を引き起こすとして、議論が続いていた。世銀はこの報告書を受けてなお、出資の意思を変えなかったが、一九九三年、インド政府側より、プロジェクトに対する世銀への貸し付け要請を撤回しつつあるとの声明を発表した。その後、世銀からの融資は正式に中止され、インドは独自に建設を進めている。

近年、世界銀行の報告書では、途上国における道路建設などの物理的なプロジェクトや訓練・教育といった人間への投資が、国の経済発展にとってたしかに重要ではあるが、それだけではない、と警告している。その上で、今後の開発の指標として、より総合的な指標を開発する必要があるとしている。[*19] たとえば、「教育」の発展をプロジェクトとして取り上げた場合、学校の建物を建てるだけでは十分でない。その効果は、適切な水準に達している教師の存在、教科書など教育に必要な最低限度の物資の供給、などによって格段に違ってくる。プロジェクトの評価は、そのような部分も含めて総合的に判断すべきということである。以上に見られたような世銀の動向は、日本における国際協力銀行などの各国の途上国支援機関のプロジェクト評価方法にも影響を及ぼす。その意味でも、世銀による環境政策は重要である。

地球環境ファシリティー

地球環境ファシリティー（ＧＥＦ）[*20]は、一九九〇年に、環境保全を目的として、世界銀行とＵＮＤＰおよびＵＮＥＰが三年間一〇億ドル出資して設立した機関である。気候変動、生物多

＊19　World Bank 2000.

＊20　Global Environmental Facility.

様性の喪失、国際河川の汚濁、オゾン層破壊の四つの分野の問題に取り組む目的で途上国を支援すると決められた。その活動は一定の評価を受け、三年後の試行期間を経て、一九九四年には正式の多国間支援機関として再出発した。

ＧＥＦが最初からうまく走り始めたわけではない。一九九二年のＵＮＣＥＤ前、気候変動枠組条約や生物多様性条約の交渉においては、途上国はそれぞれの条約ごとに個別の資金供給メカニズムを設立するよう求めていた。これに対して、先進国は、ＧＥＦがその機能を果たせるのにわざわざ新たな機関を設立する必要はないと反対した。結局折り合いがつかず、ＧＥＦを暫定的に条約の資金供給メカニズムとして認めることになった。

このような流れから、途上国には、先進国が今後あらゆる地球環境問題の資金メカニズムについて新しい機関の設立をＧＥＦによって回避するのではないかという不信感が広まった。この不信感は、ＧＥＦの親元である世銀と国連機関との間の問題にも発展した。ＵＮＤＰとＵＮＥＰは、投票権が一国一票与えられるために、途上国の意見が反映されやすい機関である。それに対して、世銀では、出資額の大きさに合わせて票数に偏りがあるために先進国の意向が反映されやすい。ＧＥＦについては、世銀の影響力が最も大きく、国連機関は、ＧＥＦが出資するプロジェクトの早期段階から世銀のみならず国連機関もコメントを加えられるように求めるなど、手続きの点で議論された。

また、その他、資金の用途に関しても、気候変動、生物多様性の喪失、オゾン層破壊といった先進国の関心のある問題だけでなく、砂漠化、森林破壊など途上国の関心のある問題に対しても利用できるようにしてほしい、と途上国は主張した。さらには、プロジェクトが提案されてから実施されるまでに、手続きが複雑すぎて何年もかかってしまうことから、手続きの簡素化を求める声もあがった。一九九四年までの試行期間において、途上国はＧＥＦの問題点をあげ、改善を促した。その結果、ＧＥＦの投票などの手続きの面に関しては、改善された。しかし、資金の用途については、資金量が少ないこともあり、当初認められた四種類の環境問題以外は現在でも認められていない。

このようなＧＥＦについて、フェアマン[*21]は次のように評価している。

①　制度的デザイン――おもに三つの課題が残されている。第一には、ＧＥＦの政策決定と決定された政策の実施との区別が曖昧であること。決定の解釈次第で、実施方法を変えられてしまう。第二には、ＧＥＦの独立性が弱いこと。世銀、ＵＮＤＰ、ＵＮＥＰから独立して存在意義を示していくためには、ＧＥＦ自身の活動が今後期待される。第三としてＧＥＦの政策決定に関しては、環境保護団体や地域団体の参加を認めていこうとする方向にあるが、その手続きが曖昧なことである。おもに先進国の環境保護団体がＧＥＦの意思決定に参加することは、途上国の国家主権を損なうものであるとして、途上国が反対している。

②　戦略――ＧＥＦや世銀では、複数のプロジェクト案のなかから優先順位を決めるにあたり、費用―効果分析による評価や、追加性（この資金がなければそもそも実現しないプロジェクトであるといえる）による判断を下すが、このような戦略が、途上国が求める地域的バランス（なるべく多くの国・地域に平均的にプロジェクトが実施される）にそぐわないなど、問題が指摘されている。

③　事業――どれだけの範囲をＧＥＦがカバーすればよいのか、というのはむずかしい問題である。ＧＥＦとしては、最終的には、経済支援と環境保全との統合を目指すべきであろ

＊21　Fairman 1996.

うが、途上国では、環境保全がすべてのタイプの資金支援の条件となることをおそれており、バランスがむずかしい状態となっている。

ＯＥＣＤ開発援助委員会

ＯＥＣＤの開発援助委員会（ＤＡＣ）[＊22]は、援助国間の連携を図ることを目的として一九六一年に設立された。ここでは、開発援助のための戦略を定め、開発の目的として、「二〇一五年までに貧困人口の割合を半減する」「二〇一五年までに乳幼児死亡率を三分の一にする」などの指標をあげている。

＊22 Development Assistance Committee.

二国間援助

国際機関をつうじた支援には、先進国にとって都合がよい面と悪い面がある。都合がよい面としては、該当する機関におけるその国の貢献を誇示しやすいことである。そして、そのことにより、機関そのものの運営や方針について、意向を反映させていかれる。しかし、いくら資金を提供しても、他の国からの資金と混ざってしまうため、途上国に資金が流れるころには、どの国が出した資金、という情報は消えてしまう。また、多くの国連機関では、途上国の意見が尊重される傾向があり、資金供給国の意向を反映しづらい状況もある。そこで、先進国は、国際機関に資金を供給するかたわら、自国の意向に沿ったかたちで資金が使えるよう、二国間援助を重視する。

二国間援助は、返却を求めない贈与と返済を求める政府貸付に分けられる。贈与には、災害が起きたときなどの緊急援助や食料援助などの無償資金協力、青年海外協力隊派遣などの技術協力、NGOへの補助金などが含まれる。政府貸付は、ダム建設やインフラ整備などプロジェクト借款とそれ以外の借款に分けられる。

二〇〇八年の日本の国際機関を通じた援助は、二八五二億円（二七・五六億ドル）、二国間ODA実績は、七〇六二億円（六八・二三億ドル）であった。DACメンバー国のなかでは、日本はアメリカ、ドイツ、イギリス、フランスに続く第五位のODA供与国となっている。ただし、DAC諸国におけるODA実績の国民一人当たりの負担額でみると、ルクセンブルグやノルウェーが際立って高く、日本はDACメンバー国のなかで第二〇位となっている。[*23]

海外直接投資

ODAなどの途上国への公的な資金の流れは、先進国の経済成長の鈍化により、一九九〇年代初頭をピークに減少しつつあるが、それにかわって急激に伸びているのが民間資金の途上国への流入である。この急激な流れの背景には途上国側が外国資本を歓迎する姿勢がある。かつて、途上国は自国の産業を保護するために外国投資を制限する政策をとっていたが、近年、多くの途上国は海外の資本を積極的に受け入れることにより自国の経済発展を加速させようとする政策に転換してきている。先進国の企業にとっても、途上国に投資した方が収益率も高く、魅力がある。

投資の方法としては、商業銀行による貸し付けが一般的であったが、一九九〇年ごろから、直接投資が急速に増えてきた。その内容は、途上国のなかでも地域によって大きくばらついている。アフリカでは、自然資源の採掘が多い。それに対して、東南アジアでは、安価な労働力や土地に惹かれて生産プラントを設置する企業が増えている。

＊23　外務省　二〇〇二。

先進国企業が途上国に直接投資する際、さまざまな意味で途上国の環境に影響を与える。好ましくない影響としては、途上国での環境破壊がある。多くの途上国では適切な環境基準が守られていないことを利用して、技術的には可能であるにも拘わらず、同地の環境保全に必要な対策をとらないことがある。また、資源採掘やインフラ整備のために森林を伐採するなど自然に手を入れる場合もある。

一九八四年にはインドのボパールという町でアメリカの化学メーカー、ユニオンカーバイト社の農薬工場からイソチアン酸メチル（ＭＩＣ）が漏れ出し、その近辺に住む二〇〇〇人以上が死亡、二万人以上に後遺症が残った。このような事故の根源的な原因を断定するのは困難であり、あくまで推測のひとつであるものの、アメリカの企業がアメリカで生産活動する場合に比べて、インドで操業する場合に、事故防止や周囲の環境保全への配慮を怠っていたおそれがある。このような事故が二度と起きないようにするためには、途上国の環境基準や環境政策さえ守っていれば何をしてもよいということでなく、先進国の企業として先進国並みの基準を途上国でも守るようなルールが必要だろう。その例として、日本では、経済団体連合会が一九九一年に「地球環境憲章」を発表し、必要に応じて当事国の基準より厳しい自主基準を設けること、などを盛り込んでいる。

生物多様性に関して議論となるのは、先進国企業による遺伝子探査である。新しい薬品の開発に役立つ遺伝子を持つ生物が途上国で発見されたときに、遺伝子資源への利用に対して企業が途上国に対して支払うという規則は存在していなかった。ようやく一九九二年に採択された生物多様性条約により、遺伝子資源を持つ国は、自国の生物資源について主権的権利を有することが確認され、遺伝子を利用する企業に対して代金を請求する権利などが認められた。

他方、先進国企業の直接投資が途上国の環境によい影響を与えるケースもある。企業の自主的な行動によって、あるいは途上国政府の適切な対処により、現地企業では資金的にあるいは技術的に導入困難な環境保全技術を導入できる。また、トレーニングなどにより、現地で雇用される労働者に対して、環境保全に必要な知識を伝えていくことができる。先述の生物多様性の例では、先進国の薬品会社と途上国の機関が協力して、遺伝子探査や希少な遺伝子の保存にあたっている。

その他の主体――企業や環境保護団体の役割

国際機関や政府が実施する支援は、金額も大きく、大規模な成果を期待できる。しかし、その反面、決定に時間を要する、政治的な問題によって影響を受ける、といったおそれがある。また、きめ細かな対応が必要なこともある。そこで、近年では、企業や環境保護団体が途上国の企業や環境保護団体と直接手を組み、草の根としての役割を果たすようになっている。ひとつずつの規模は小さいが、それを束ねた影響は大きく、今後はさらに重要な役割を担うようになると期待されている。

環境・債務スワップ

環境・債務スワップ[*24]とは、一九八〇年代に、とくにアメリカとラテンアメリカ諸国との間で広まった制度である。途上国のアメリカあるいは多国間金融機関への債務の一部を先進国、多くの場合は先進国の環境保護団体が肩代わりし、その支払い分に応じて途上国はその国内の森林を保全するなど、環境政策を実施することである。

＊24　debt-for-nature swap.

ことの始まりは、一九八〇年代の途上国における森林面積の急減に対する危機感の高まりにある。アメリカの有力な環境保護団体、コンサーベーション・インターナショナル（CI）、ネーチャー・コンサーバンシー（TNC）、世界野生生物基金（WWF）がどうにかして森林を保全しようとした。当時はちょうど途上国の債務が問題になっている時期にもあたり、このようなスワップが考案されたのである。[*25]

環境・債務スワップ第一号は、一九八六年にボリビアとの間で合意されたものである。しかし、ここでは、ボリビア国内の生態系保護地区をそのまま保全するという合意であったにも拘わらず、ボリビア政府が実際には環境保全に関心を持っていなかったために、保全政策が実施されたのは合意の二年後という状況であった。このような失敗を教訓として、徐々に確実で効果的なスワップ制度が定まってきた。コスタリカは、そのなかでも最も成功した例として取り上げられる。

コスタリカでは、政府が観光収入を維持するためにも環境保全に強い関心を示していた。しかし、同時に、多額の債務を背負っている国でもあった。環境・債務スワップにとっては最適の状況にあったことが成功の要因であるといわれる。このような成功例が大きく取り上げられ、徐々に環境保護団体だけでなく、政府や資金支援機関も実施を試みるようになる。

ただし、コスタリカのように成功した例を除き、全体としては、この制度は、一九九〇年代に入って減少傾向にあり、近年は聞かれなくなった。その理由はいくつかあげられる。まずは、途上国の債務が、債権側の債権放棄や返済のリスケジューリングなどの努力によって一九九〇年代にはかなり改善された点があげられる。また、環境保護団体にとっては、多額の資金を必要とすることから、資金の上限がおのずから限界となるということがある。さらには、保

*25 Jakobeit 1996.

全対象も森林以外の分野にはほとんど広がることがなかったこともあるだろう。

環境・債務スワップが今後広がりそうにないといっても、それが効果的でなかったということでは決してない。環境保護団体は、その影響力の大きさを世界中に知らしめた。また、環境保全と途上国の経済発展が同時に解決できる方法があることも、行動で示したのである。

クリーン開発メカニズム

クリーン開発メカニズム（CDM）[*26]とは、気候変動の問題に関して一九九七年に採択された京都議定書のなかで、一二条に定められた制度である。京都議定書では、自国内で温室効果ガス排出量を減らせない場合の手段として、国外から排出許可枠のようなものを購入する三種類の制度（京都メカニズム）が認められた。そのひとつ、排出量取引は、その名のとおり、排出許可枠を他の国から購入する方法である。これに対して、その他の制度である共同実施とCDMは、排出許可枠の売り手と買い手の間にプロジェクトが介在する。たとえば、ある国Aが、別の国Bに資金的あるいは技術的支援を行い、省エネプロジェクトを実施したとする。この支援がなければ、そのプロジェクトは、もっとエネルギー効率の悪い技術を用いるものになってしまっていたとする。すると、A国の支援がなかったときと比べると、支援が行われたことにより、B国のCO_2の排出量が減ったことになる。それならば、支援によるCO_2排出量削減分のうちの一部は、A国のものと考えてもよいだろう。このような考え方から生まれた制度を、B国が先進国またはロシア・東ヨーロッパの場合を共同実施、B国が途上国の場合をCDMとして、京都議定書では区別している。このような仕組みは、先進国の途上国への環境保全にとってよい投資を促進する制度として注目されている。

＊26　Clean Development Mechanism.

二〇〇一年のCOP7で合意されたマラケシュ合意のなかで、CDMの細則が決められた。二〇一〇年四月現在、世界中で合計二二一三のCDMプロジェクトが実施中となっている。このうち四割弱は中国で、二割強がインドで実施されており、地域的な集中が問題とされている。また、申請数が多いため、CDMとして承認されるまでに数年かかる点が今後の課題となっている。

さらに、気候変動に関する国際交渉の状況からは、京都議定書の将来が不透明となっている。CDMは京都議定書の中で規定されている制度である。つまり、京都議定書の今後の行方次第では、CDMの存続も危ぶまれる。今までのプロジェクトへの投資が無駄にならないよう、将来の国際制度全般の議論の中で、CDMを検討する必要がある。

また、二〇〇五年頃から、途上国の森林減少を食い止める活動を支援する動きが出てきた。「途上国の森林減少・劣化防止活動（REDD）[*27]」では、森林の減少を食い止めた活動を支援するための資金作りの一案として、炭素クレジットの発行を検討している。先進国の資金で途上国は森林を残すことができ、先進国は炭素削減実施に貢献したことが認められるという制度である。この制度の詳細は、現在検討されている。

＊27　Reducing Emissions from Deforestation and Degradation (in developing countries).

近代化に向けた支援のあり方

さまざまなルートにより、途上国に資金供給が実施されているのを見てきたが、単に支援金額が多ければ多いほどよいとは限らない。効果的な用途への適切な資金供給が求められる。たとえば、アフリカ諸国のなかには、途上国のなかでもとりわけ経済発展から取り残された国が多い。これらの国に対して国際支援が行われていないわけではない。支援が経済発展につながっていないのである。アフリカの中には、かつては象牙や家畜などの貿易で栄えた国があった。それが、植民地支配からの独立後、世界の経済発展の波について行かれなくなっている。

最低限度の水準以上の生活レベルは世界中のすべての人々に享受されるべきだろう。しかし、必ずしも現在の先進国に見られる近代化が人々にとって最も望ましい社会であるとは限らないし、近代化のために有効な制度や目指すべき社会の姿は異なるだろう。速水[*28]は、「低所得国を貧困と停滞から脱出せしめるものがあるとすれば、それは巨大な借用技術の可能性であろう」そして、「有効な技術借用を行うには制度的な改革が必要である」とした上で、「それが生むであろう利益が確信を促す力として働くとしても、必要とされる確信が人々の伝統的な価値観や生活感情と不整合の度合いが高ければ、実現しない場合もありうる」としている。たとえば、貨幣経済に対して不信を持っている地域では、現在でも物々交換が経済の主流となっている[*29]。物々交換で日常生活が成り立つ場合には、農家は、収穫した作物を換金するのではなく、自分の倉庫に蓄えておくことになる。その方が、旱魃の年があっても飢える心配がない。このような社会に、直接、現金で経済支援しても、貧困から抜け出せるとは限らない。むしろ、資源の有効利用や農作物の生産量を増やして経済規模を拡大していくことが必要だろう。そのためにも、その場所ごとに合った技術支援と発展過程が配慮されなければならない。

＊28　速水　一九九五。

＊29　Morton 1994.

5　途上国の地球環境問題への対応

途上国と地球環境問題

途上国は、地球規模の問題に対する国際交渉にも精力的にかかわってきた。貧困の撲滅が国の優先課題であるときに、豊かな国から「森林を切るな」や「エネルギーを使うな」などと言われるのは、途上国にとっては迷惑な話である。国内の公害対策が重要で、地球環境問題は後回し、ということもあるだろう。しかし、途上国にとって、地球環境問題の出現がメリットとなる場合もある。地球環境問題がすべての国にとって共通の問題であるのだから、先進国も問題解決に協力すべきと主張することにより、先進国から資金的、あるいは技術的な支援が得られる可能性が広がるのである。先進国のためにやってあげるのだから、支援を求める、ということである。

ここでは、いくつかの地球環境問題を取り上げ、その国際法制定に向けた交渉における途上国の関わり方やそこでの主張を紹介する。

オゾン層破壊

オゾン層破壊による被害は、おもに、南極や北極に近い地域に生じる。また、オゾン層破壊物質の生産国も消費国も、ほとんどが先進国であった。そのため、同問題に関しては、途上国はほとんど関心を持っていなかった。一九八五年のウィーン条約の締約国には、途上国はほとんど入っていない。しかし、一九八七年のモントリオール議定書の後の度重なる改正によりCFC全廃が決定してからは、途上国産業への影響が急に現実的になり、その結果、途上国も交渉の重要なプレーヤーとなった。途上国が豊かになるにつれて、冷蔵庫や冷房機器が普及し、それにつれてCFC類の消費量が拡大した。したがって、CFC類が使えなくなるということは、途上国にとっては重大な問題であった。途上国のなかでも、とりわけその主張を強く打ち出していたのは、アルゼンチンやブラジル、メキシコなど、工業化が進み、経済水準も先進国に近い国であった。

モントリオール議定書では、途上国に対する一〇年の延長措置が認められた。また、その後一九九〇年のロンドン改正では、途上国を支援するための基金が設立された。途上国は、この基金を利用しながら、徐々に代替フロン類への移行を実施している途中にある。[*30]

生物多様性の喪失

オゾン層破壊とは対照的に、生物多様性問題について最初に声をあげたのは、先進国ではなく途上国側であった。一九七二年のストックホルム会議のころにはすでに、途上国の遺伝子資源を用いて先進国の企業が特許をとり、利益を上げ、途上国はその技術にアクセスすることができないという状況について、途上国から意見があがっていた。途上国の国内の資源にはその国の主権が及び、それを用いて開発された薬などに対する権利も途上国が共有すべき、というのが、途上国の立場である。

ストックホルム会議では、途上国の主張は先進国の消極性によって抑圧されてしまったが、二〇年後のUNCEDの準備段階においては、途上国の主張が徐々に受け入れられるようにな

＊30　DeSombre and Jauffman 1996.

った。これは、二〇年の間に生物保護関係の国際法が複数制定されたことや、UNCEDの開催国であったブラジルが同問題に積極的であったことも関係する。

一九九二年に採択された生物多様性条約が採択されるまでの交渉では、途上国のなかでもラテンアメリカ諸国や東南アジアなど、多様な生物種を保有している国が、先進国に対して要求を突きつけるかたちとなった。要求の内容としては、遺伝子資源に対する国家主権の尊重、遺伝子資源を用いた商品の開発に用いられる技術へのアクセス、そして遺伝子資源を保全するために必要な資金の支援、であった。これらの観点は、生物多様性条約の下で現在でも議論が続いている。

気候変動

主要な温室効果ガスであるCO_2は、エネルギー利用に伴うため、これから経済発展しようとしている途上国にとっては、排出量を制限されることは好ましくない。しかし、他方、気候変動が生じたときには、途上国もその悪影響を受けることになる。そのため、気候変動問題に対して、途上国は条約交渉開始当初から強い関心を持ち、積極的に交渉に参加してきた。途上国グループであるG77に中国も賛同し、先進国対途上国という色彩が強くなっていた。しかし、最近では途上国グループの中でも差異が広がり、グループとして意見統一が図れなくなりつつある。

マーシャル諸島やバヌアツなどの小さな島国は、海面上昇によって国土が水没してしまうかもしれないという恐れから、気候変動問題に最も積極的になっている国である。彼ら自身は温室効果ガスをほとんど排出していないので、他国の対策に頼るしかない。小島嶼諸国連合（A

ＯＳＩＳ）[*31]というグループを作り、温室効果ガス排出量の削減、および、気候変動の悪影響を受ける国への支援を主張している。

この対極にあるのが、サウジアラビアやクウェートなどの産油国である。このグループの経済は、先進国への原油輸出で潤っている。先進国の気候変動緩和策により原油消費量が減ってしまうと、外貨収入が減るため、これらの国は、気候変動現象に関する科学的知見の不確実性を強調し、先進国が対策をとることに慎重な態度をとる。また、島国が気候変動影響による被害に対する支援を要請するのに同調しつつ、先進国の緩和策が途上国経済に及ぼす悪影響に対して補填すべきだと主張した。

メキシコやブラジル、韓国、南アフリカなど、経済成長段階が先進国の水準に近づいている国は、途上国グループの中でも、気候変動政策に前向きに取り組もうと考えている。そして、国際交渉にてリーダーシップを発揮し、先進国と途上国の間を取り持つ役割を担おうとする。

中国は、途上国の代表としての役割を果たしていたが、一九九〇年代以降の急激な経済発展を経験し、$ＣＯ_2$排出量も米国を抜いて世界第一位となった。一人当たりＧＤＰも増えてきている。中国内での貧富の差が激しく、都市部だけで見た場合、先進国との差は急速に縮まっている。このような中国に対して、先進国は「今後は中国も排出抑制に取り組むべきだ」と主張する。中国も自国の立場を自覚し、排出抑制策を公表している。しかし、過去の排出量の責任を先進国が負うのが先、という点を強調し、国際約束には慎重な態度をとっている[*32]。

途上国のなかでも経済水準が低い国では、ＣＤＭをつうじた民間企業の自発的な投資は期待できない。このような地域では、気候変動関連の資金メカニズムで支援を受けることを望んでいる。基金の使える金額と比べて支援を希望する国が多いのをいかに解決していくかが今後の

＊31　Alliance of Small Island States.

＊32　Agarwal and Narain 1991; Bhaskar 1995.

課題である。

6　公平性の議論

「公平」な負担配分とは？

地球環境問題で多くの場合問題となるのが公平性[*33]（equity）の問題である。今まで見てきたように、地球環境問題といっても、すべての国が同様に加害者かつ被害者であるケースは稀である。また、たとえ物質的あるいは金銭的に同じレベルの被害を被ったとしても、先進国と途上国ではその被害が国に与える影響の大きさは異なってくるだろう。

ある環境問題の解決に費用が要する場合、いかなる負担の配分が「公平」であるかが問題となる。この問いに、普遍的な正解はないのだろう。問題の性質とその時の状況に応じて何が「公平」かを判断することがすべての国に求められる[*34]。

たとえば、気候変動問題に関する国際交渉においても、「公平性」の議論はあちこちで見られる。まずは、先進国と途上国との間の議論である。一九九七年の京都議定書採択の直前におけるアメリカの主張を拾ってみると、途上国も排出量目標を設定すべきとする理由として、①今後、排出量の伸びの大部分が途上国によって生じ、二〇一〇年ごろには、地球のCO_2総排出量の半分以上が途上国から排出されることになる、②ＩＰＣＣなどの報告によれば、気候変動によってより多くの被害を受けるのは、赤道近くの途上国であると予測されており、被害を回避できるそれらの国が、対策にも努力すべきである、③先進国だけが対策をとり、途上国が好

＊33　本書では平易な説明に努めるために「公平性」という用語だけを用いるが、「衡平性」「公正」の概念も含んだ説明となっている。「公平性」「衡平性」「公正」の英訳に相当する「fairness」「equity」「justice」の使い分けは、欧米にてより厳密であるといえよう。参考までに、米国の公共公正報告書から引用する（Skillen 1995）。「justice は、人々や政府に示される純粋な基準である。何が「just」なのかを知るのが困難だとしても、我々の政治的判断において常に中心に位置づけられるべき原則である。「justice」は、政府が国民を「fair」にそして「equitable」に取り扱わなければならないことを示唆する。「fair」であるためには、すべての人や企業が同じ扱いを受ける必要がある。たとえば、環境保全を目的として規制する場合、一部の企業を規制から除外すべきでないし、子どもの教育の場において、子どもの人種や宗教によって差別化してはならない。他方「equity」は、有意な差が認められる場合において、その差を積

き放題生産することになれば、途上国での生産コストが比較的に安くなり、先進国の企業の国際競争力が落ちる、の三点をあげている。これに対して、途上国は、①現在問題となっている気候変動を生じさせる原因となる大気中のCO_2は、先進国でのエネルギー源燃焼によって生じたのだから、先進国が対策をとるべき。一人あたり排出量でみれば、アメリカは中国やインドの何倍にもなり、途上国は先進国の一人あたり排出量までは排出する権利を持つ、②先進国の行動により途上国が被害を受けるのに、なぜ途上国が対策をとらなければならないのか、③途上国にこそ、貧困を撲滅し経済発展する権利があるはず、と反論する。[*35]

このように、両者の意見は、いずれも「公平」な負担配分を目指すという点では一致しているにも拘わらず、何を「公平」とするかという判断基準が違っているために、まったく反対の結論に帰結している。ここでも、どちらが正しいということはなく、どちらがより多くの人あるいは国によって支持されるか、あるいは、政治的パワーを持つ国が何を支持するか、というようなことで結果が出されることになる。しかし、今後、今まで「途上国」としてひとつのグループであった一〇〇以上もの国は、経済発展に成功して先進国に近づく国から、貧困から回復できずに最貧国にとどまる国まで、さまざまな発展経路をたどることになるだろう。このような状況において、気候変動では、途上国の参加のあり方が一部の先進国の関心事となりはじめている。また、気候変動に限らず、さまざまな環境問題においてそれぞれの「公平性」論争が生じていることから、公平性の概念について理解を深めておくことは、合意を促進する上で重要である。[*36]

極的に取り扱いに取り込む場合を指す。たとえば、営利目的の企業と非営利団体では、税金徴収において異なる取り扱いが求められるだろう。」

＊34　当然のことながら、この公平性の問題は、途上国特有の問題ではなく、先進国間でも問題となる。しかし、先進国間よりも先進国と途上国との間の経済的な差が格段に大きいことから、公平性の議論が途上国の参加の程度を判断するのにきわめて重要な問題となる蓋然性が高いということから、途上国関係を議論する本章で公平性の議論を紹介することにした。

＊35　Grubb et al 1992.

＊36　Yanagi et al 2001.

共通だが差異ある責任

一九九二年のＵＮＣＥＤの時期から、しばしば聞かれるようになったことばが「共通だが差異ある責任[*37]」である。これは、地球環境問題の解決やそれを含めた持続可能な発展に向けた取り組みに必要な責任は、すべての国、この地球に住むすべての人が共通して負うものであるが、その負担の配分には、差異をもうける、ということである。このことばは、リオ宣言や気候変動枠組条約などに広く使われており、発展段階の違いに応じて責任があるという点は共通だがその重さには差異がある、ということは、ほぼ認められている。しかし、原則としては認めても、具体的な行動についての議論に入ると、いかにして、共通の責任に差異をつけていくのかということが問題になる[*38]。

＊37　common but differentiated responsibility.

＊38　Weiss 1988.

公平性に関する議論

公平性について、ＩＰＣＣ[*39]では、大きく二つの種類に分けている。第一は、手続きにおける公平性である。交渉会議に参加できる国とできない国があったり、投票における一票の重みが不適切である状態では、手続きにおける公平性が保たれていないと判断される。それに対して、第二の種類は結果の公平性である。話し合って決まった結果が、どこかの国にとって著しく不利である場合には、結果の公平性が保たれていないことになる。

この二種類の公平性に関して、前者の手続きにおける公平性については、途上国の政府代表団が会議に出席するための旅費を負担したりするなどの方法で、公平性を保とうとする。しかし、それでも、決定の際の方法として、過半数か、それとも三分の二賛成か、あるいは、一国

＊39　IPCC 1996.

一票とするか、それとも出資額などに応じて票数を割り当てるか、という問題は、環境問題に限らず、国際機関においては常に問題となっている。気候変動関連の条約・議定書においても、投票方法についてはまだ決定されておらず、コンセンサスという議長の采配に依存する曖昧な決定方法をとり続けている。

これに対して、結果の公平性については、よりくわしい議論が必要となる。経済学では、コースの定理[*40]が知られている。これは、環境破壊の責任分担を変えても、資金の移転などの結果、最終的な汚染改善度は同じになる、という理論である。しかし、公平性の議論で問題となるのは、最終的な改善度が同じということより、むしろ、誰がどれほどそもそも権利を配分されるか、という点である。

ここでは、例として、気候変動問題においてCO_2排出量をどの国がどれほど許されるのか、という問いに答える場合に考えられる公平性の原則を、いくつかの研究にもとづいて列挙する。[*41]

① 汚染者負担の原則（ＰＰＰ）[*42]——ＯＥＣＤなどで取り上げられ、その後、多くの国の公害対策において広く用いられた概念である。これによれば、気候変動を生じている原因となる温室効果ガスを出している量が多い国ほど、多くの削減が求められることになる。しかし、この原則の範囲内であっても、実際には、(i)どれくらい過去にさかのぼってその責任を追及するか（たとえば、一八世紀末のイギリスの産業革命からの蓄積分を認めるのか）、将来に途上国が排出量を増やしていったときにどのように対処するのか、(ii)排出量分だけを考慮するのか、あるいは、森林減少といった吸収源の増減も含めるのか、(iii)CO_2だけにするのか、その他の温室効果ガスも含めるのか、などといった点によって国の負担の度合い

＊40　Coase 1960.

＊41　Burtraw and Toman 1992; Welsch 1993; Jansen et al 2001.

＊42　Polluter-Pays-Principle

が変わってくるという困難な点が気候変動にはある。

②　被害者負担の原則[*43]──環境改善のために対策を講じたときに、その対策によって利益を受ける者、つまり、現状で環境汚染の被害を受けている者が負担すべきであるとの考え方である。この原則にたてば、世界中での気候変動対策の費用を小島嶼諸国やバングラデシュなどの低地にある国がより多く負担しなければならないことになる。

③　支払い可能者負担の原則[*44]──経済的により豊かな者がより多くを負担するという原則。これに従えば、どの国がどれくらい汚染しているかは関係なく、ＧＤＰの大きさあるいは一人あたりＧＤＰの大きさに比例して、排出削減を実施することになる。

④　マキシ＝ミニの考え方[*45]──対策を講じる際に最も損をする者の利得を最大化するように負担の配分を決定する方法。比較的恵まれていない方の効用を最大化するようにして富を配分すべきとするロールズ[*46]の考え方と類似したアプローチである。

⑤　平等主義[*47]──すべての人が等しく温室効果ガスを排出する権利を持つとする考え方。これによると、各国の一人あたりの排出量が等しくなるように各国が削減すべきということになる。同じ平等主義でも、国を単位とすると、一国あたり何トンまで排出できるとする考え方も理論的にはあるが、国の規模がまちまちであることから、気候変動問題の場合には現実的ではない。

⑥　既得権の重視[*48]──現在排出している国が排出する権利を持つことになり、削減するとしても現在の排出量を基準として、その基準から同割合削減する。京都議定書交渉中にヨーロッパが主張した「どの先進国も一九九〇年水準から一律一五％削減」などはこの区分に入る。

＊43　benefit-pays-principle

＊44　ability-to-pay principle

＊45　maximin

＊46　Rawls 1971.

＊47　egalitarian

＊48　grand-fathering

⑦　対策の限界費用の重視――京都議定書交渉にてオーストラリアが提案したのがこのアプローチである。また、日本が主張する「省エネが進んだ国は、これ以上対策を講じるには費用がかかるから、より少ない削減量が認められるべき」という主張もこれに近い。経済モデルなどを用いて各国の削減に必要な限界費用が均等になるように各国の削減量を決定する方法。考え方としては理解できるものの、用いられる経済モデル次第で結果が大きく違ってくるのが最大の難点。

ここにあげたもののなかには、実際に導入されているものから、理論としては提示されていても現実としては受け入れられにくいものまである。また、たったひとつの原則が採用されることは少なく、いくつかの基準がバランスよく考慮されて、合意が得られることになる。気候変動問題でも、各国からさまざまな削減目標値と、その根拠となる公平性の基準が提案されたが、最終的に決定された日本―マイナス六%、アメリカ―マイナス七%といった数値は、ある特定の公平性基準に合意が得られて決定された数値ではない。

今後、途上国が徐々に豊かになり、先進国に次いで環境保全に必要な負担を負うようになったときには、いかなる公平性の原則が認められるようになるのか。この問いが、気候変動問題では、実際につきつけられている。途上国と一言でいっても発展段階には差があり、途上国をいくつかのグループに分けてそれに応じた対策を求めていくべきだろうが、途上国はG77プラス中国というひとつのグループにまとまることによって先進国に対抗できる交渉力を保持している。そのため、途上国のグループ分けは交渉力の弱小化につながると考えられ、途上国間で差異をつけることができず、かといって途上国全体に同様の義務を課すことも困難という状態が続いている。

参考文献

外務省　二〇〇九『政府開発援助（ＯＤＡ）白書』政府刊行物。

日本環境会議『アジア環境白書』編集委員会編　一九九七『アジア環境白書　一九九七／九八』東洋経済新報社。

速水佑次郎　一九九五『開発経済学』創文社現代経済学選書。

Agarwal, A. and S. Narain 1991 Global Warming in an Unequal World: A Case of Environmental Colonialism. *Earth Island Journal*, Spring, pp. 39-40.

Bhaskar, V. 1995 Distributive Justice and the Control of Global Warming. in V. Bhaskar and A. Glyn (eds.), *The North the South and the Environment*. New York: United Nations University Press, pp.102-117.

Burtraw, D. and M. Toman 1992 Equity and International Agreements for CO2 Constraint. *Journal of Energy Engineering* Vol.118 No.2, pp.122-135.

Coase, R. 1960 The Problem of Social Cost. *Journal of Law and Economics*, Vol.3 No.1, pp.1-44.

Costanza, R. (ed.) 1991 *The Science and Management of Sustainability*. New York: Columbia University Press.

Daly, H. and J. Cobb 1989 *For the Common Good: Redirecting the Economy Toward Community, the Environment, and a Sustainable Future*. Boston: Beacon Press.

Desombre, E. and J. Jauffman 1996 The Montreal Protocol Multilateral Fund: Partial Success. in R. Keohane and M. Levy (eds.), *Institutions for Environmental Aid*. Cambridge: MIT Press, pp.89-126.

Fairman, D. 1996 The Global Environmental Protection in Developing Countries. in R. Keohane and M. Levy (eds.), *Institutions for Environmental Aid*. Cambridge: MIT Press, pp.55-88.

Grubb, M., J. Sebenius, A. Magalhaes and S. Subak 1992 Sharing the Burden. in I. Mintzer (ed.), *Confronting Climate Change*. Cambridge:Cambridge University Press, pp.305-322.

Intergovernmental Panel on Climate Change (IPCC) 1996 *Climate Change 1995: Economic and Social Dimension*. New

York: Cambridge University Press.

Jacobeit, C. 1996 Nonstate Actors Leading the Way: Debt-for-Nature Swaps. in R. Keohane and M. Levy (eds.), *Institutions for Environmental Aid*. Cambridge: MIT Press, pp.127-166.

Jansen, J. C. , J. J. Battjes, J. P. M. Sijm, C. H. Volkers and J. R. Ybema 2001 *The Multi-sector Convergence Approach*, ECN-C-01-007. Oslo: CICERO Working Paper.

Kuznets, S. 1955 Economic Growth and Income Inequality. *American Economic Review* Vol.45 No.1, pp.17-26.

Le Prestre, P. G. 1989 *The World Bank and the Environmenal Challenge*, Selinsgrove: Susquehanna University Press.

Miller, M. 1991 *Debt and the Environment*. New York: United Nations Publications.

Morton, J. 1994 *The Poverty of Nations: The Aid Dilemma at the Heart of Africa*. London: I. B. Tauris.

Munasinghe, M. and W. Cruz 1995 *Economywide Policies and the Environment: Lessons from Experience*. Washington D. C.: World Bank.

Rich, B. 1994 *Mortgaging the Earth: The World Bank, Environmental Impoverishment, and the Crisis of Development*. Boston: Beacon Press.

Rawls, J. 1971 *A Theory of Justice*. Cambridge: Harvard University Press.

Rose, A. 1990 Reducing Conflict in Global Warming Policy. *Energy Policy* Vol.18 No.10, pp.927-935.

Rostow, W. W. 1960 *The Stages of Economic Growth*. Cambridge: Cambridge University Press.

Seligson, M. 1998 The Dual Gaps: An Updated Overview of Theory and Research. in M. Seligson and J. Passe-Smith (eds.), *Development and Under-development*. London : Lynne Rienner Publishers, pp.3-8.

Skillen, J. W. 1995 *Political Fairness and Equity*, Center for Public Justice（http://www.cpjustice.org/node/887）.

Wallenstein, I. (ed.) 1975 *World Inequality: Origins and Perspectives on the World System*. Montreal: Black Rose Books.

Welsch, H. 1993 A CO_2 Agreement Proposals with Flexible Quotas. *Energy Policy*, July, pp.748-756.

Weiss, E. B. 1988 *In Fairness to Future Generations: International Law, Common Patrimony and Intergenerational Equity*. Transnational Publishers, Dobbs Ferry.（岩間徹訳　一九九二『将来世代に公正な地球環境を』日本評論社）

World Bank 2000 World *Development Report 1999/2000*. Washington D. C.: the World Bank.

Yanagi, M., Y. Munesue and Y. Kawashima 2001 Equity Rules for Burden Sharing in the Mitigation Process of Climate Change. *Environmental Engineering and Policy* Vol.2, pp.105-111.

ズームアップ・コラム

途上国の定義

「発展途上国」という言葉はしばしば用いられるが、その定義が決められているわけではない。ＯＥＣＤの開発援助委員会（Development Assistance Committee, DAC）では、一人あたりのＧＮＰで国を四つのグループに分類している。

①　低所得国――二〇〇四年段階で一人あたりＧＮＰが原則として八二五ドル以下の国。

②　低中所得国――二〇〇四年段階で一人あたりＧＮＰが原則として八二六～三二五五ドルの国。

③　高中所得国――二〇〇四年段階で一人あたりＧＮＰが原則として三二五六～一万六五ドルの国。

④　高所得国――二〇〇四年段階で一人あたりＧＮＰが原則として一万六六ドル以上の国。

また、国連では、一九九一年以降、後発開発途上国（ＬＬＤＣあるいはＬＤＣ）を認定するようになっているが、現在、後発開発途上国として認定されている五〇カ国はすべてＯＥＣＤ分類の低所得国に含まれる。

気候変動問題をはじめとして多くの地球環境問題に関する国際交渉では、経済開発協力機構（ＯＥＣＤ）加盟国と、ロシアや東欧などのいわゆる経済移行国を除いた残りの国が「Ｇ77プラス中国」というグループを作り、途上国グループとして交渉にあたってきた。しかし、前の章で述べたように、最近では、途上国グループの差異化が著しい。また、低中所得国に分類されている中国のように、国全体の一人当たり国民総所得（ＧＮＩ）で見れば低くても、国内格差が大きく、一部の国民が比較的豊かな生活を営んでいるケースの取り扱いに検討を要する。

このように、「途上国」といってもその状況や抱える問題は多様である。各国の政治・経済・文化的状況を的確に把握しなければ、その国の持続可能な発展に向けて適切な政策をとることはできない。

第6章 地球環境問題とその他の国際問題との関係

地球環境問題への取り組みは、たんにこの問題だけで決定されるわけではない。国家間の関係やその他の問題に影響される。地球環境問題ととくに関連のある国際問題として、安全保障、女性、自由貿易、民主主義、環境関連条約間の関連性について取り上げる。

この章で学ぶキーワード

◎インターリンケージ
◎安全保障
◎世界貿易機構（WTO）
◎女性
◎民主主義

1 他の国際問題とのインターリンケージ研究

世界には、いろいろな国際問題がある。軍事紛争も国際問題である。経済摩擦も国際問題である。かつては、軍事問題が国際問題の最も重要な問題として扱われ、ハイポリティクスと呼ばれてきた。それに対して、経済問題などその他の問題は、軍事問題よりも重要性が低い問題として、ローポリティクスと呼ばれた。しかし、一九九〇年以降、それまでローポリティクスと呼ばれていた諸問題が、重要な問題として扱われるようになった。現実の政治でも、また、国際関係論を研究している者の間でも、この現象が見られている。そして、地球環境問題も、関心を持たれるようになった議題のひとつである。

地球環境問題を対象として研究に取り組み始めた研究者にとっては、地球環境問題が国際問題の中心に位置しているように感じられてしまう場合がある。しかし、地球環境は、あくまで、地球に生きる私たちが守るべき多くの価値のうちのひとつでしかないことも忘れてはならない。地球平和、経済発展や人権擁護、他にも重要な価値があり、個別の国際交渉があり、国際法が規定されている。

複数の守るべき価値があったときに、どちらをとるか、ということではなく、すべての価値を保持するための方策を考えていく必要がある。第一章で見た持続可能な発展という概念も、環境保全だけが目的なのではなく、環境保全と経済発展を両立するための考え方であった。持続可能な発展の概念と同じように、今まで二つの異なる価値を維持するために個別に進展してきた政策が、互いに他を侵してしまうことになった場合、双方の価値の関係を分析し、それを包括した政策をたてていかなければならない。このように、複数の問題の関係に注目するインターリンケージ研究と呼ばれる研究領域が、最近、拡大してきている。第四章で取り上げた科学的知見と政策決定との関係なども、インターリンケージ研究の対象となる。

本章では、インターリンケージの中でも研究の進展が見られている分野をいくつか取り上げ、そこにおける主要な議論を紹介する。

2 環境と安全保障

環境安全保障とは？

国がある危険性に曝されたとき、その危険性から自国を守ることができるに足る体制を日ごろから備えておくことを、安全保障という。[*1] 従来までは、国際政治の分野で安全保障ということばを用いる場合、外からの敵国の攻撃に対する軍事的な概念を意味していた。ところが、気候変動やオゾン層破壊、酸性雨など、国に対して直接的、間接的にさまざまな影響を与える環境問題が注目されるにいたり、このような問題を安全保障の枠内で分析しようとする動きが急速に高まってきた。この動きは、環境安全保障[*2] あるいは生態系安全保障[*3] という新たな概念を生み出したが、環境問題を安全保障という切り口で議論することの妥当性、およびその効用については、その定義の未確定、あるいはケーススタディー不足のために、評価が分かれているのが現状である。[*4]

「環境と安全保障」研究の分類と評価

この種の研究では、いずれも環境問題と安全保障の関連性について記述されているが、その捉え方は、大きく三種類に分けられる。

①安全保障の拡大解釈

これは、地球環境問題を、軍事的脅威に加えて考慮すべき国家への新たな脅威として位置づ

＊1　security 「安全保障とは、『安全にする』『確実にする』という意味の一般名詞であり、国内的には警察や警備保障会社が、個人や法人を災害や犯罪から守るような仕事を意味するが、伝統的には、近代国家にとっての死活の利益とされている領土的一体性、政治的独立、および国民の生命、財産の安全を維持、確保するために努力することを意味し、端的に言えば、それは外国による武力侵略から国家を防衛する国防（national defense）政策あるいは体制にかかわる概念であった。安全保障問題は、基本的には国際体系の主要構成員である主権国家が、他の主権国家との関係においてみずからの生存を確保し、さらに成長と反映を求めて行動することから発生する摩擦にかかわるものであるから、国際体系の構造および安定性と密接な関連をもち、さらに各国家の政治的・軍事的、経済的・技術的、社会的発展の段階、あるいは時代的状況に応じて問題の内容や性質は変化する性質をもつ」（川田・大畠　一九九三）。

ける試みである。たとえば、ウルマンは、従来の安全保障概念では、長期的には地球レベルの不安全[*5]をもたらすと考え、より広範な概念を論じた。国家安全保障を「国家の住民の生活の質の低下をもたらす脅威[*6]となる事柄から守るための方策」と定義し、その「脅威」のなかに、必要最低限のニーズが充足されない状態や、環境破壊、自然災害、さらに、稀少資源を求めて生じる紛争といった間接的脅威、需要過多をもたらす人口増加なども含めるべきだとした。そして、途上国支援は、軍備を増強するのと同様に国家の安全保障に寄与するものとして、新たな安全保障概念の導入による財政の用途に関する政策決定の変革を試みた。[*7]

マシューズの「安全保障の再定義」と題する論文は、この分野の代表的な研究論文となった。マシューズによれば、国家はいまや相互依存関係にあり、酸性雨などの越境環境問題は、国境を重視した従来の国家概念に疑問を呈するものであるという。そして、地球環境問題、人口問題、自然資源の枯渇を含めて安全保障を再定義すべきであるとした。また、このような問題を解決するためには、他国と争うのではなく、協調する必要があるという意味で、従来の安全保障とは違うと説明した。[*8] 同様に、ブラウンは、冷戦終結に伴い、地球温暖化問題をはじめとする地球環境問題が国際問題のなかでの重要性を増してきたことに注目し、国および国際社会が環境問題により前向きに取り組んでいくためには、環境問題の現象解明や影響の予測などに関する知見が最も重要であるとした。[*9]

②紛争と環境破壊との関係分析

安全保障概念を従来の軍事的な意味での安全保障の範囲にとどめ、環境問題と安全保障との間の因果関係に注目する研究がここに分類される。たとえば、ホーマー・ディクソンは、安全保障を損なうものとして「実力行使を伴う可能性のきわめて高い紛争」を挙げ、国際社会が、

＊2　environmental security.
＊3　ecological security.
＊4　太田　一九九八；Kawashima and Akino 2001.
＊5　insecurity
＊6　threat
＊7　Ullman 1983.
＊8　Mathews 1989.
＊9　Brown 1989.

環境劣化による四つの事象——農作物の収穫量減少、経済的停滞、人口の不適切な配置、今までの制度や社会的関係の崩壊——をつうじて紛争にいたると仮定した上で、環境破壊から紛争にいたる過程を詳細に分析している。[*10] また、グレイクは、飲用水の希少性と紛争との間を分析し、飲用水の確保やダム建築による移民発生が紛争につながるケースや、逆に、紛争の一手段として相手国への水供給を遮断するケースをあげている。気候変動については、水循環の変化をつうじて今後の新たな地域紛争につながる恐れがあると指摘している。[*11]

一方、マイヤースは、途上国での環境破壊による政治的不安定が、アメリカの軍事的な意味での安全保障を損なうものと主張している。たとえば、フィリピンの環境破壊は、農業、森林、漁業という国家のGDPの四分の一を占める主要産業の減退をもたらし、フィリピンの政治経済全体の衰退につながると予想されるが、これは、フィリピンに駐留する米軍の弱体化にもつながるとした。[*12]

この種の研究の多くは、環境破壊が安全保障の安定性を損なうという意味で議論しているが、逆に紛争が環境を破壊するという方向の議論を加えている。たとえば、世界環境開発委員会（WCED）がまとめた報告書「我ら共有の未来」（第一章参照）では、平和および安全保障が、環境破壊の原因とも結果ともなり得るとしている。ここでは、一九七〇年代初頭のエチオピアでの土壌劣化による干ばつが多数の環境難民を引き起こしたことを例にとり、環境破壊が紛争にまで発展すると勧告している。また、逆に、核兵器をはじめとする大量破壊兵器や枯葉剤などを用いた化学兵器は、環境や人類すべてにとって最大の脅威であるとして、紛争の環境破壊への影響を指摘している。しかし、別の観点からは、地球規模の環境問題への取り組みが新たな国際的協調を生み出しているとの見方もあり、安全保障と環境問題との関連性の分析の

*10 Homer-Dixon 1991; 1999.

*11 Gleick 1993.

*12 Myers 1989.

重要性を指摘した。[*13]

③生態系安全保障[*14]

これは、環境破壊が進んで生態系を変化させてしまうことにより、今まで存在しなかった（あるいは存在していても人類と関わり合いのなかった）脅威を創出してしまう問題を扱う研究である。たとえば、森林の開発や気候の変化によって、エボラ熱など今まで人類とは関わりのなかった病原菌が人類の生命を脅かすような種の危険性が相当する。[*15] アメリカでは、これらの伝染病を「発生・再発生伝染病　ＥＲＩＤｓ）[*16]」と総称し、アメリカ国民に及ぼす危険性について国家科学評議会（ＮＳＣ）[*17]で議論している。

これと関連した議論としては、生物兵器や枯葉剤の使用がある。敵の兵士を直接殺傷するのではなく、敵国での強力なウィルスの散布や環境破壊による間接的な殺傷は、人類に害になるよう意図的に生態系を変化させる手段という見方ができる。

「環境と安全保障」研究への批判

環境問題と安全保障を関連づける研究の急速な発展に対して、批判的な立場をとる議論もある。デュドニーは、①伝統的な安全保障で扱われる国家間の紛争と近年の環境問題とは、問題の構造も解決方法も異なる、②環境問題と安全保障を関連づける動機として、政策決定者に環境問題への取り組みを強化することを意図している場合があるが、政策決定者の政治的問題の優先度から考えるとむしろ反対に作用してしまう恐れがある、③環境劣化が国家間の紛争に発展することはほとんど考えられない、という三つの理由をあげ、環境安全保障の議論に疑問を呈している。[*18] また、レヴィーは、環境問題がアメリカにとって国家の安全を損なうかという観

＊13　WCED 1987.
＊14　ecological security.
＊15　Pirages 1995.
＊16　Emerging and Re-emergning Infections Diseases.
＊17　National Science Council.
＊18　Deudney 1990.

点から議論を展開し、地球温暖化やオゾン層破壊などの環境劣化は、アメリカに直接的、間接的に悪影響を及ぼすかもしれないが、国の存亡にいたるほどのものではないこと、また、環境問題と安全保障を関連づけたところで、新たな知見が得られるわけでも新たな政策提言ができるわけでもないとして、一連の環境安全保障研究ブームを一蹴した。[*19] 両者とも、決して地球環境問題が重要ではないというのではなく、重要だからこそ、安全保障とは異なる新たなアプローチを探した方が、効果的な解決方法が見つかると主張している。

このような批判から、近年では、第一のアプローチに関する議論には限界が見え、第二アプローチへの支持が増えている。そして、概念論中心だった今までの研究から、紛争と環境との関係を分析するためのケーススタディーを進める研究プロジェクトが実施されつつある。

現実に見られる「環境と安全保障」

「環境と安全保障」という考え方は、当初は概念から出発し、理論研究だけが先行していた。しかし、概念が整理され、環境と安全保障との関係が分析の対象となり始めたころから、現実の政策決定者の間でも関心が広がった。たとえば、NATOでは、環境破壊が紛争の発端となる、あるいは逆に、紛争がその地域の環境破壊をもたらすという関係の調査を委託し、包括的な報告書をまとめている。[*20] また二〇〇七年四月、ベケット英外相（当時）は、「気候安全保障」という概念を打ち出し、気候変動を安全保障の観点からとらえるべきだと主張した。気候変動による水不足や穀物収穫の減少、病気の蔓延や大規模な移民などが、脆弱な国家は内乱や混乱に陥るリスクを高める。また、不安定な気候は、現在リスクのない国をも徐々に危険な状況に追い込むと説明した。

＊19 Levy 1995.

＊20 Gleditsch 1997.

環境難民の発生についても、考え方が変わってきている。従来は、干ばつや水害などの天災で生じる、避ける手段がない現象という側面が強かった。この場合、対処方法は、難民となってしまった人々への住居や食糧、医薬品の提供、といった事後救済としての対応しかない。しかし、それらの「天災」が、気候変動や過剰な森林伐採といった人間活動による「人災」の側面を持つという認識が広まり、今日では、難民発生の原因をつきつめ、根本からの解決を目指していく姿勢が増えている。

アメリカ元副大統領ゴアの、地球規模のマーシャルプランの提案では、人口増加の抑制、環境に優しい技術の開発、環境の価値を内部化できるような経済システムの構築、次世代に向けた国際協定の策定、世界の人々を対象とした地球環境問題に関する教育のための協力、をその内容としてあげ、世界が協力してこれらの課題に取り組むべきであるとしている。[*21]

3　環境と貿易

自由貿易に向けた動き

経済のグローバル化が進み、自由貿易に向けた動きが急速に進んでいる。マクロ経済の最も単純な議論では、自由貿易は各国の比較優位のある財を輸出し合い、その制度に参加する国の効用を最大化するために望ましいこととされる。ヨーロッパや北アメリカ、ラテンアメリカといった地域においては、域内取引における関税撤廃が進み、経済面での地域統合が進んでいる。また、世界全体においても**世界貿易機構**（ＷＴＯ）が自由貿易の推進を前提としながらそ

＊21　Gore 1992.

れに関わる問題を議論し合う場となっている。しかし、環境保全を目的とした条約が自由貿易の原則に関する規定をもうけている場合があるなど、自由貿易のための政策と環境保全政策が背反する場合が生じるようになった。そこで、問題を整理し、双方の利益を損なわない解決策を見出すことを目的とした研究が行われるようになった[*22]。

自由貿易と環境問題との関係

自由貿易は、環境問題に対してよい影響を及ぼすこともあるが、逆に環境問題を悪化させることもある。

自由貿易が環境保全につながる例としては、まず、環境にとってもよい商品が国内にない場合には、国外から購入できることである。環境にとってよい物を使いたいと思う消費者がいれば、国内の生産者が関心を持っていなくても、どこかから手に入れることができる。

逆に、悪い影響を及ぼす場合としては、いくつかの状況が考えられる。第一には、環境によくない生産方法で生産された財が輸入されやすくなるおそれが生じる点である。一般的に、環境にとってよい生産方法で作られた製品は、開発や生産にコストがかかるため、価格が高くなる。国がある環境政策をとり、国内の生産者がその規制にしたがって製品を作り、高い値段で売ろうとしても、国外からそのような措置が講じられずに生産された製品が安い値段で輸入されれば、消費者は輸入品を求めることになる[*23]。

似たようなことは、生産段階の違いだけでなく、商品そのものにも当てはまる。製品に対するある国の省エネ基準が厳しくなると、その基準に満たない製品は輸入されなくなるため、国外からは「非関税障壁だ」と非難される。近年、対策が緩やかな途上国からエネルギー集約型

＊22　Esty 1994; Ward and Brack 2000.

＊23　Bhagwati 1993; Mander and Goldsmith 1996.

産業の製品が先進国に流入する傾向が、特に欧米で問題と認識されつつある。いわゆる「カーボンリーケージ」と呼ばれる状態である。リーケージを防ぐ手段として、高率の関税をかける方法や炭素価格に相当する炭素クレジットを購入させる方法などが提案されているが、いずれもWTOルールには違反するとの意見が強い。

また、途上国の一次産品との関係もある。自由貿易が進むと、先進国の製品と比較して、途上国では人件費や土地の値段が安いために生産コストがさがり、製品が安く作られることがある。そのために、途上国から先進国への製品、とくに一次産品、の輸入が増える。しかし、多くの途上国では、先進国と比べて、環境問題対策が遅れているため、先進国からの需要が増えると次第にその地域の環境が悪化してくる。これで知られた例は、ブラジルなどにおける牛肉や、タイやインドネシアのエビである。たとえば、アメリカの食肉業者にとっては、アメリカよりもブラジルで放牧した方が安くつくため、ブラジルの広大な土地の森林を伐採し、牧場に変え、そこで育った牛の肉を輸入している。同じように、東南アジア諸国では、日本をはじめとする先進国が大量のエビを輸入したため、マングローブが切り開かれ、エビの養殖場があちらこちらにできた。このような問題は、途上国における環境が破壊されるという問題もあるが、それと同時に途上国にとっては外貨を得られる重要な機会でもあるため、途上国における環境保全と経済発展との関係、つまり、持続可能な発展の課題となる。

GATTおよびWTOの動向

関税および貿易に関する一般協定（GATT）は、一九四七年に自由貿易を目指して結ばれた国際協定であり、それ以来、自由貿易を阻害する関税やその他の障壁を取り除くために交渉を続けてきている。しかし、環境問題との関係が取り沙汰されるようになったのは、最近になってからであり、一九八六年にウルグアイラウンドが始まった時点でもそれほど知られた問題とはなっていなかった。

この問題が知られるきっかけとなったのは、一九九一年にアメリカとメキシコの間で起きたマグロ—イルカ訴訟である。アメリカでは、イルカ保護運動がさかんになり、海洋哺乳類動物保護法という国内法のもとで、イルカが引っかかってしまうような網を用いるメキシコの漁業によって捉えられたマグロの輸入を禁じていた。そこで、メキシコは、アメリカのそのような措置は自由貿易の原則に反するとしてGATTに提訴した。GATTの調停委員会はメキシコの言い分を認め、国内の環境法を他の国に押しつけることは自由貿易の原則に反するとした。

このような問題が生じたために、一九九三年に北アメリカで北アメリカ自由貿易協定（NAFTA）が合意されたときにも、環境問題が話題となった。環境基準が低いメキシコにアメリカの生産拠点が移ってしまうのではないか、メキシコで環境基準や労働基準を無視して生産された安い製品がどっとアメリカ市場に流れるのではないか、という不安があった。

ヨーロッパでは、デンマークがビールやソフトドリンクの容器に缶の使用を禁じて回収可能なびんの使用を義務づけたところ、この法律は国内ビール会社の保護を狙ったものだとイギリス政府が提訴した。一九八八年にヨーロッパ司法裁判所から出された判決では、このような法律が貿易に障害となることは認めながらも、環境保護の主旨が重視され、同法は承認された。

GATTでは、ウルグアイラウンド以前から原則として多国籍主義と無差別主義を採用していた。多国籍主義とは、国家間の貿易に影響を与える規則は、国際的に広く認められたものに限られる、ということである。また、無差別主義とは、いかなる国も平等に扱われるべきであり、海外と国内の企業が等しく扱われるべき、ということである。これに加えて、ウルグアイラウンドでは、三つめの原則として「調和」を重視した。これは、国内での商業活動に関する規則が国際基準を超えるべきではないということである。この原則にたてば、ある国が厳しい環境基準を設定し、それに満たない製品の輸入を禁止することは好ましくないということになる。

　ウルグアイラウンドが終了して一九九五年、今まで単なる国際協定であったＧＡＴＴは、貿易ルールに関する国際組織である世界貿易機関（ＷＴＯ）[＊24]を設立する。そして、そのなかで、貿易と環境に関する委員会（ＣＴＥ）[＊25]を設立し、自由貿易と各国の環境政策との関係、および環境関連条約と貿易との関係について議論することになった。この問題はその後、関心を持たれるものの、自由貿易推進派と環境保全重視派との間で意見がかみ合わず、画期的な成果は見られていない。二〇〇二年時点では、ＣＴＥの特別会合を新設して、自由貿易と各国の環境政策との関係、および環境関連条約と貿易との関係について引き続き議論していくことになっている。

環境関連の国際条約における貿易制限規定

　現在、環境関連の国際条約のなかで、貿易に関する規定をもうけているものが二〇あまりある。たとえば、野生生物の保護に関するワシントン条約は、希少な野生生物の貿易を禁止あるいは制限している条約である。有害廃棄物の越境取引に関するバーゼル条約では、有害廃棄物の輸出入を規制している。同様に、オゾン層保護のためのモントリオール議定書では、同議定書の締約国以外の国からのＣＦＣの輸入を禁じている。太平洋流し網漁業に関するウェリント

＊24　World Trade Organization
＊25　Committee on Trade and Environment.

ン条約では、流し網を用いて捕らえた魚の輸入を禁じている。

このように、国家間の取引に関する規定を盛り込んだ環境関連の国際条約では、WTOとの関係について述べていない。反対に、WTOでは、環境保全を目的とした貿易制限は、それぞれのケースごとに、自由貿易原則の対象外となることに合意が得られなければならないとしている。この問題については、今まで環境条約と貿易協定がそれぞれ意見交換なく独自のルールを作ってきたことに問題があり、このままでは、どちらが優先されるというものではない。WTOのCTEでは、さまざまな問題が提起されシンポジウム開催などの活動を行っているものの、問題解決に向けた進展は見えていない。そもそもCTEが適切な議論の場なのかを含め、本格的に議論進展に向けた努力が必要である。

4 環境とその他の守るべき価値との両立

環境と女性

女性と社会との関わり方は、社会の発展のあり方、そして環境に対する社会のアプローチと深く結びついている。環境と女性という組み合わせは、日本ではあまり耳慣れないかもしれない。しかし、欧米や途上国においては、女性の人権保護や性差別の撤廃を目指したジェンダー研究が、一つの独立した研究分野として確立し、環境と女性というテーマは、ジェンダー研究から自発的に発展してきた。[*26]

「環境と女性」に焦点をあてた研究は、いくつかの種類に分けられる。

*26 Jazairy et al 1992.

①女性＝環境

まず、第一の考え方は、女性と自然環境の両方が社会における弱者として扱われている現在の状況を批判するもので、フェミニズムの流れからくるものである。一九六〇年代にアメリカを中心に強まったフェミニズムの考え方は、やはり同時期に広まった自然保護の動きと調和した。このアプローチによると、女性と自然には、ともに長い人類の歴史において、男性によって支配されてきたという共通点があるという。[*27] そして、今日、自然が破壊されている状況を、女性が男性と同等の社会的権利を有していない状態になぞらえる。この考え方に立つと、環境関連の法律を規定したり環境保護キャンペーンを実施したりするだけでは、環境問題は根本的解決とはならない。男性中心の社会から、女性が男性と平等に扱われる社会に改革していかなければ、真の意味での環境保全は実現しない、ということになる。

さらにこの流れの先には、女性と男性が平等である以上に、女性の方が環境保全に適している、という主張もある。競争と支配への欲求が強い男性社会が環境破壊をもたらしているのだから、環境問題を解決するためには、女性を政策決定に参加させ、女性の意見を取り入れることが不可欠、ということである。実際に環境保護団体に女性が多いことや、消費者運動と環境保護との関連性が、このようなアプローチでは重視される。

②女性＝環境破壊の被害者

第二の考え方は、とくに、途上国における女性の現状に注目したものである。アジアやアフリカ地域の途上国の多くの国では、飲み水を汲みに行ったり、薪を拾って来たり、といった日常生活の労働の多くを女性が担っている。その地域で生じた何らかの環境破壊により、井戸が干上がったり、森林が消滅してしまうと、女性たちは、今までより遠くまで、毎日、水や薪を

＊27　De Beauvoir 1968; King 1983.

探しにいかなくてはならなくなる。また、多くの国では、男性よりも女性の方が識字率が低い。そのため、身を守るために必要な情報が入手できる状況にあってもそれを理解できず、誤って汚染された水を飲んでしまったりするおそれがある。つまり、環境問題によって一番先に被害を受けるのが女性、という考え方である。

この種の考え方にもとづく研究には、途上国の持続可能な発展そのものと女性との関係を分析しているものが多い。たとえば、メーラ[*28]は、途上国のなかでも、男性と女性では、女性の方がより恵まれていないという状況に注目している。食糧生産に携わる割合は女性の方が多い、全女性人口のうち貧困層にある女性の割合の方が、男性人口における割合より多い、読み書きを含めて教育水準が女性の方が低い、などをあげた上で、健全な持続可能な発展には、女性の地位を上げる必要があると訴えている。

たとえば、水汲みなどの労働における男性の参加は、このような観点から女性を保護するために重要な出発点である。しかし、このような行動は、それぞれの民族の固有の文化に根ざすものであり、外部の人間がその文化の変化を強要するのはむずかしい。その地域の民族自身が問題として認識して長い時間をかけて変えていかなければならないだろう[*29]。

これよりも少しは外部の支援が効果を発揮しやすいのは、女性の教育である。文字を教え、立て看板や回覧物を読めるようにするだけでも、効果は大きいといわれている。女性が家事一般をまかなっているということは、女性が環境保全に関する知識を得れば家庭全体がそれによって変わりうるということでもある。女性が環境破壊の被害者であるなら、環境保全に積極的になるのも女性であるといえるだろう。

＊28　Mehra 1993.

＊29　Agarwal 1988; Goheen 1988.

③女性＝環境破壊の原因（人口増加）

第三の考え方もおもに途上国の女性を対象にしたものであるが、女性を、環境問題（多くの場合は人口問題）の解決に必要な対策の対象として捉え、女性への働きかけを重視する考え方である。環境問題の根本には、急激な人口増加があるが、望まれない人口増加を抑制するためには、女性にターゲットを絞るのがひとつの解決策である。たとえば、女性の識字率が低い地域では、教育水準を高めることにより、パンフレットや新聞から避妊について正しい知識を得られる。女性の社会的自立も、出産回数の減少に役立つといわれる。[*30] 男性が優位にある社会では、女性が望まない妊娠を強要されることもある。このような社会では、女性の人権擁護が人口抑制にまで関連することになる。

いずれのアプローチにせよ、「環境と女性」研究の主張の背景には、女性が男性と同等の権利をもつことの重要性が謳われている。途上国では、女性にも男性と同等の教育の機会をもうけるとともに、水汲みなどの仕事の負担を男性にも負ってもらうことが、先決であるとしている。先進国においては、女性の社会進出や、さまざまなレベルでの意思決定への参画が環境問題の解決に結びつくという考え方が主張されている。

*30　Sen 1994.

現実に見られる「環境と女性」

地球環境問題への取り組みの歴史に並行して、環境と女性との関係についても、取り組みが徐々に進められている。とくにそれが明確に表わされるようになったのは、一九九二年のUNCED以降である。

まず、宣言のなかにおける「人類」の意味で用いる言葉についても、配慮が見られる。一九七二年のストックホルム宣言では、英語でmanという名詞が用いられていたが、一九九二年のUNCEDではhuman beingとなっている。

　また、アジェンダ21では、「持続可能かつ公平な発展に向けた女性のための地球規模の行動」という女性を取り上げた章をもうけている（第二四章）。このなかで、女性と「持続可能な発展」との関係として、いくつかの異なる側面をあげている。第一は、環境管理や生態系管理における女性の参加である。そのために、環境、開発分野における意思決定者やプランナーといった職業に占める女性の割合の増加が重要であるとしている。第二は、女性への社会的差別の撤廃である。そのために、女性の社会への完全な参加を阻止している法律や行政、文化、社会面などでの障害を撤廃すべきであるとしている。また、女性の識字率の向上など、教育の重要性にも触れている。第三は、女性の健康管理である。とくに、出産に関わる健康管理が強調されている。

　このようにいくつかの異なる側面が謳われているものの、ここでは女性の意思決定への参加が最も強調されており、また、環境問題よりは経済発展への参加が中心となっている。これは、女性に対する認識、および、環境保全と経済発展のバランスに対する認識が異なる多数の国が協議した結果であるという背景をふまえて理解する必要がある。

　一九九五年九月に北京で開催された第四回国際女性会議では、世界各国から政府関係者や非政府組織合わせて約五万人が集まり、女性の人権、女性と貧困、女性と政策決定、女子（子どもの女性）、女性への暴力、といった項目それぞれについて、解決に向けた活動の進展を図るために話し合った。その会議の結果として、北京宣言が採択され、行動計画の叩き台が了承された。また、その五年後の二〇〇〇年には、北京プラス五年の会議が開催され、北京宣言の実施状況について議論された。

北京会議および北京プラス五年の会議において、女性問題を話すという点では共通していながら、先進国の女性の関心事と途上国の女性の関心事が食い違い、議論は紛糾した。「環境と女性」の観点では、先進国の女性は、女性の社会進出による環境保全や、途上国における人口増加の抑制に関心を持っている。一方、途上国の女性は、経済のグローバリゼーションによる先進国企業の途上国への進出が途上国の貧困を加速させ、それがとくに途上国の女性に影響を与えているといったことを強く主張している。このように、「環境と女性」といっても、先進国と途上国で問題意識が違うことが、問題解決への道を困難にし、協力を阻んでいるといえよう。

環境と民主主義

環境と民主主義との関係を分析する研究は、ロシアなど旧社会主義国を対象としたものと、途上国を対象としているものがあり、両者の間では意味するところが若干違っている。

環境と民主主義に関する研究の発端は、ソ連の崩壊にあった。かつて、社会主義の国では、中央政府が最も効率のよい資源配分を決定するために、環境破壊は生じない、と主張されていた。しかし、ソ連やハンガリー、チェコなどの東欧諸国が社会主義から脱却するにつれ、それらの国の環境が劣悪な状態にあるという情報がようやく伝わってきた。実際には、競争原理が働かないために資源を効率よく使おうという努力が見出されず、汚染が進む、というわけである。そして、汚染が人々の健康を蝕んでいても、人々がそれを政府に訴える自由が制限されていたために、問題の発見も遅れた。

他方、途上国において環境と民主主義の関係が問われる場合には、人々の民主主義に向けた活動が、環境保全活動と一体化している点が取り上げられる。社会主義や軍事政権下の国では、一般の人々が意見を公にする自由が制限されていたり、環境保護団体のような団体の設立が禁止されるため、環境保護活動はしばしば反政府活動につながると見られ、政府から弾圧を受ける場合がある。その他、環境を破壊している企業が賄賂などで政府の規制を免れる場合もある。[*31]

この現象がとくにいちじるしいのがアジア諸国である。韓国や台湾、フィリピンなどでは、日本よりも環境ＮＧＯの活動が活発である。リーらは、環境ＮＧＯの活動と国の民主主義への移行との関係をアジアの四つの国で比較している。そして、民主主義の確立度が高いほど、環境ＮＧＯの活動も活発になり、新しい政治勢力を支持しながら環境保全を訴えていく状況となりやすいことを示した。[*32]

しかし、翻って、たとえばアメリカのような民主主義の代表国を見ても、自然環境が完全に理想的なかたちで保全されているわけではない。近年の生物多様性や気候変動に対するアメリカの態度を見るかぎり、他の国よりもむしろ消極的である。いくら民主主義が確立していても、声を出すべき一般の人々が関心を示さない場合には、その問題は放っておかれてしまう。このような状況をふまえて、途上国にとって望ましい政治制度を考えていくべきだろう。

＊31　Desai 1998.

＊32　Lee et al 1999.

環境関連条約の重複

複数の守るべき価値があり、それらが相互に関連してくるのは、環境問題とその他の国際問題だけに限らない。環境問題どうしの間でも複雑に関係し合っており、各問題への取り組みを

表６－１　地球環境関連条約間の関連性

	条約Ｂの対策に与える影響	条約Ｂで対象となる環境問題に与える影響
条約Ａの対策が……	（例）オゾン層保護のためには、代替フロン使用を奨励。地球温暖化問題解決のためには、代替フロン使用を規制（モントリオール議定書と京都議定書）。	（例）京都議定書で森林によるCO_2吸収量が排出量から差し引かれることになり、森林保全へのインセンティブが増加した（京都議定書と森林保全）。
条約Ａで対象となる環境問題が……	（例）酸性雨を放置すると、気候変動対策や森林保全対策を目的とした植林による木が枯死する。	（例）気候変動の結果、砂漠地帯がさらに乾燥する。湿地が干上がる（気候変動枠組条約と砂漠化対処条約、ラムサール条約）。

目的とした国際法どうしが補完し合い、または、矛盾する場合がある。

地球環境関連条約間の「関連性」は四種類に分けて考える必要がある。それぞれの条約にはその条約が対象としている環境問題と、その問題を解決するために必要と考えられる対策がある。環境の劣化と対策の組み合わせで、影響を与える状態が考えられるのである。また、その影響にはプラスの影響（ある条約の影響が別の条約にとって解決の方向に働く場合）と、マイナスの影響（ある条約の影響が別の条約にとってさらに悪化させる、あるいは矛盾させる方向に働く場合）がある（表６－１参照）。

また、ひとつの対象を複数の条約が扱っている場合がある。そのひとつの具体例として、森林保全がある。森林保全の重要性は以前から指摘されていたが、これに関連する国際的な協定は多岐にわたっている（第二章参照）。ＩＴＴＡは、材木としての取引を第一の目的とした協定であるため、それと関係ない森林は対象外となる。また、生物多様性の喪失を防止する際には、樹木自体が希少な種である場合もあるが、むしろ、希少な動物種の生息地として保護される場合が多い。これに加えて、気候変動への対処を目的とした京都議定書では、植林活動がCO_2排出量抑制と同等に評価されることになった。この方法でいくと、古い森林を一度伐採して、成長の早い種の樹木を植えた方が得になる計算になり、古くからの生態系保全を目的とした生物多様性の問題と矛盾することになる。この点については、京都議定書の方で、持続可能な発展に寄与していること、などの条件をつけることにより、無意味な伐採と再植林の反復を防ごうとしている。

このような地球環境問題間のインターリンケージは、とくに幅広い環境を包括する気候変動問題とその他の環境関連条約、たとえば生物多様性やオゾン層破壊、砂漠化、森林保全などと、実際の協議の場でも取り上げられ、条約間の連携を深めていく動きが強まっている。

他方、このように、ひとつの対象分野に重複して複数の国際条約が存在することが、新たな問題を招いている。「フォーラムショッピング」と呼ばれる国の行動である。たとえば、代替フロンをオゾン層保護条約で扱えば促進策とみられるが、気候変動では温室効果ガスのひとつとして扱われる。あるいは、マグロなどの魚類の種の管理は、種の保存を目的としたワシントン条約でも、マグロ漁業の保護を目的とした漁業協定でも、対象となりえる。問題は、どちらの場で議論されるかにより、ある国にとって有利あるいは不利な結果が出されることが事前にある程度想定されることだ。そこで各国とも、自国にとって有利な交渉の場（フォーラム）を求め、交渉会議では「そもそもこの問題はここで議論してよいのか」という点から始まることになる。近年、地球環境問題関連の国際交渉の進捗が鈍っているのは、こうした手続き面での複雑さも、一部、影響を及ぼしているものと考えられる。今後は、複数の条約に重複するテーマへのアプローチに関する条約横断的なルールも必要となってくるだろう。

参考文献

太田宏　一九九八「安全保障の概念と環境問題」『国際政治』一一七、六七―八四頁。

川田侃・大畠英樹編　一九九三『国際政治経済辞典』東京書籍。

環境省　二〇〇一『環境の状況に関する年次報告（平成一三年版環境白書）』ぎょうせい。

Agarwal, B.　1988　Who Saws? Who Reaps? Women and Land Rights in India. *Journal of Peasant Studies* Vol.15 No.4, pp.531-581.

Bhagwati, J. 1993 The Case for Free Trade. *Scientific American*, November, pp.42-49.

Brown, N. 1989 Climate, Ecology and International Security. *Survival* Vol.31 No.6, pp.519-532.

De Beauvoir, S. 1968 *The Second Sex*. New York: Random House.

Desai, U. 1998 Environment, Economic Growth, and Government in Developing Countries. in U. Desai (ed.), *Ecological Policy and Politics in Developing Countries*. Albany: SUNY Press, pp.1-45.

Deudney, D. 1990 The Case Against Linking Environmental Degradation and National Security. *Millennium: Journal of International Studies* Vol.19 No.3, pp.461-476.

Esty, D. 1994 *Greening the GATT: Trade, Environment and the Future*. Washington D. C.: Institute for International Economics.

Gleditsch, N. P. 1998 Armed Conflict and The Environment :A Critique of the Literarure. *Journal of Peace Research* Vol.35 No.3, pp.381-400.

Gleick, P. 1993 Water and Conflict - Fresh Water Resources and International Security. *International Security* Vol.18 No.1 pp.79-112.

Goheen, M. 1988 Land and the Household Economy: Women Farmers of the Grassfield Today. in J. Davidson (ed.), *Agriculture, Women, and Land: The African Experience*. Boulder: Westview Press, pp.90-105.

Gore, A. 1992 *Earth in the Balance, Ecology and the Human Spirit*. New York: Plume Penguin.（小杉隆訳『地球の

掟』ダイヤモンド社）

Homer-Dixon, T. 1991 On the Threshold - Environmental Changes as Causes of Acute Conflict. *International Security* Vol.16 No.2, fall, pp.76-116.

Homer-Dixon, T. 1999 *Environment, Security, and Violence*. Princeton: Princeton University Press.

Jazairy, I., M. Alamgir and T. Panuccio 1992 *State of World Poverty: An Inquiry Into Its Causes and Consequences*. New York: New York University Press.

Kawashima, Y. and S. Akino 2001 Climate Change and Security: Regional Conflict as a New Dimension of Impact of the Climate Change. *Global Environmental Research* Vol.5 No.1, pp.33-43.

King, Y. 1983 *Machina Ex Dea: Feminist Perspectives on Technology*. New York: Pergamon Press.

Lee, Su-Hoon, Hsin-Huang Michael Hsiao, Hwa-Jen Liu, On-Kwok Lai, Francisco A. Magno and Alvin Y. So 1999 The Impact of Democratization on Environmental Movements. in Yok-shiu Lee and Alvin So (eds.), *Asia's Environmental Movements*. New York: M. E. Sharpe, pp.230-251.

Levy, M. 1995 Is the Environment a National Security Issue? *International Security* Vol.20 No.2, pp.35-62.

Mander, J. and E. Goldsmith (eds.) 1996 *The Case Against the Global Economy and for a Turn to the Local*. San Francisco: Sierra Club Books.

Mathews, J. 1989 Redefining Security. *Foreign Affairs*, Spring, pp.162-177.

Mehra, R. 1993 *Gender in Community Development and Resource Management: An Overview*. Washington D. C.: International Center for Research on Women.

Myers, N. 1989 Environment and Security. *Foreign Policy*, Spring, pp.23-41.

Pirages, D. 1995 Microsecurity: Disease Organisms and Human Well-Being. *The Washington Quarterly* Vol.18 No.4, pp.5-12.

Sen, G. 1994 Women, Poverty and Population: Issues for the Concerned Environmentalist. in W. Harcourt (ed.), *Feminist*

Perspectives on Sustainable Develoment. London: Zed Books, pp.215-225.

Ullman, R. 1983 Redefining Security. *International Security* Vol.8 No.1, pp.129-153.

Ward, H. and D. Brack (eds.) 2000 Trade, *Investment and the Environment*. London: Earthscan.

WCED (The World Commission on Environment and Development) 1987 *Our Common Future*. New York: Oxford University Press.（大来佐武郎監訳　一九八七『地球の未来を守るために』福武書店）

ズームアップ・コラム

日本と環境安全保障

　近年、日本はアジア諸国と急速に環境関連の議論の場を増設している。一九九二年のＵＮＣＥＤによる地球環境問題への関心の高まりを受け、日本は、アジア地域における唯一の先進国として、同地域の環境問題への取り組みを促進させようと努力している。しかし、目的はそれだけではない。第二次世界大戦以来、緊張関係が続いている日本と近隣諸国との政治関係の改善に、地球環境問題への取り組みが役立つと考えられている。このような考え方は環境安全保障として位置づけられる。

　一九九〇年代に始まったアジア地域での地球環境問題に関する活動には、次のようなものがある（環境省　二〇〇一）。

①　アジア・太平洋環境会議（エコ・アジア）――一九九一年以来、各国の環境大臣などが一堂に会して自由な意見交換の場を提供。

②　日本海環境協力会議――北東アジア地域の環境問題に関する情報交換の場として一九九二年より発足。

③　日本・中国・韓国三カ国環境大臣会合（ＴＥＭＭ）――三カ国の環境大臣が環境問題に関する政策対話を一九九九年から開始。

④　国連アジア太平洋経済社会委員会（ＥＳＣＡＰ）北東アジア環境協力高級事務レベル会議――アジェンダ21のフォローアップのため、北東アジア地域六カ国による地域環境協力の枠組みとして一九九三年以来開催。

⑤　こどもエコクラブアジア太平洋会議――アジア太平洋地域諸国のこどもたちの交流と連携を図り、こどもたちによる自主的な環境保全活動を推進するために、一九九九年から発足。

⑥　アジア太平洋地球変動研究ネットワーク（ＡＰＮ）――アジア太平洋地域における地球環境研究を支援し、地域的協力の推進などを行うために一九九六年に設立。

⑦　アジア酸性雨モニタリングネットワーク（第三章参照）――一九九八年に初の政府間会合が開催され、二〇〇〇年から正式稼働した。中国や韓国など計一〇カ国が参加。

　このように、環境大臣級から研究者、青少年、と、さまざまな立場の人が環境保全という共通の目的に向けて活動を進めていくことで、国家間の相互理解、関係改善が期待されている。

将来に向かって——今後の地球環境問題の見方

これからの研究テーマ

地球環境問題は、新しい国際問題である。したがって、地球環境問題という国際問題に関する学術的研究もまだ発展し始めたばかりである。まだ多くのことが、研究の対象とならずに残されている。現状を把握するのが精一杯で、理論化できていないことも多い。本書は、これから地球環境問題に対する国際関係論に取り組んでいこうとしている研究者が知っておくべき全体像を紹介してきた。ここで最後に、今まで研究から取り残されているが重要な研究テーマをあげる。当然のことながら、今から紹介する研究課題が今までほとんど着手されていないのには、それなりの理由がある。そのため、これらの課題には困難が待ちうけているかもしれない。しかし、それを乗り越えられたときには、今まで世界で誰もやっていない研究としてその価値が認められるだろう。

途上国を対象とした地球環境政策研究

これまで見てきたように、地球環境問題は、今後、先進国だけでなく途上国を含めた世界全体を見据える研究が不可欠である。とくに、今後大半の人口増加が途上国で生じること、そして経済成長率が高いのも途上国であることを考えると、地球規模の環境問題が生じる場所も、その原因も、途上国となることが多いことは、簡単に予想される。そのためにも、途上国を対象とした研究が重要であることは言うまでもない。しかし、実際には、現在見られる研究成果のほとんどは、欧米を研究対象としたものである。本書は国際関係論の分野に基礎をおく研究を中心に紹介してきたが、途上国から見た、あるいは途上国に焦点をあてた地球環境問題に関する国際関係論の著書の数は、先進国を対象としたものと比べると比較にならないほど少ない。

今まで途上国に関する研究が国際関係論で行われてこなかった理由を、いくつかあげることができる。

① 国際関係論という学問そのものが、北アメリカを中心に、ヨーロッパ勢がそれに参加しながら発展した学問であるため、地球環境問題に限らず、国際関係論分野の研究のほとんどが欧米の問題を対象としていること。国際関係論を専攻し、今日世界で知られている研究者も、アングロサクソン以外の研究者の活動の割合は非常に少ない。まして、途上国の国際関係論研究者はさらに少ない。

このような傾向は、今後、薄れていくことが望ましい。そのためにも、環境問題に拘わらず、国際関係論の分野に従事している日本や途上国の研究者がどんどん世界で発言していくことが大切だろう。

② 地球環境問題関連の国際交渉の場に参加する国が、先進国が中心であることが多いため、研究対象を先進国のなかに見つけやすい。オゾン層破壊問題が典型的な例であるが、問題の原因を作っているのも、そして被害を被るのも先進国である場合には、国際法の制定に関わるのも先進国が大半となる。したがって、同問題の国際関係を調査しようとする

場合、その調査対象はおのずから先進国となる。

しかし、生物多様性問題や砂漠化問題など、途上国が主導権をとって進められている問題もある。また、気候変動問題などは、先進国と途上国が同様に利害を被る問題である。そのため、近年では、途上国の国際交渉における役割も重要となってきている。

③ 途上国においては、言語の問題、資料収集や解読の困難さ、インタビュー調査の困難さ、情報量不足があり、研究を実施しようと思っても困難な場合が多い。このバリアは、徐々に崩されているが、完全に崩れるには時間がかかるだろう。特に言語の問題は、日本のような国に関しても、日本人以外の研究者から指摘されることであり、研究対象国の言葉を操れることが研究者に求められる条件だったりする。

言語の障害をクリアするためには、もちろん、その国の言葉をマスターするのが一番ではあるが、その国の研究者と共同研究の体制を組むのが効率的である。共同研究は、その国の研究者にとっても海外の研究者と意見交換し、研究のノウハウを学ぶよい機会となる。それに対して、情報不足というのは個人ではなかなか解決できない問題である。まずは、政策に関わる人にインタビューし、生の声を集めることが重要だろう。

このように、途上国の研究は、先進国の研究と比べてさまざまな困難が伴う。しかし、国際関係論以外の分野、たとえば環境経済学や環境政策学では、途上国の環境政策に関して多くの研究がすでに実施されてきている。途上国の国際社会における重要性が高まっていくことが予想されることからも、国際レベルで途上国を対象とした研究が増えていくことが期待される。

地球環境問題に関する国際制度の比較分析

ひとつの地球環境問題に関して深く掘り下げた研究の層は厚くなってきている。しかし、複数の地球環境問題についてくわしく研究し、その結果を比較分析する研究の数は限定されている。それは、単独の研究者が手をつけるにはあまりに膨大な情報量になりすぎているからだろう。実際に、欧米をはじめ、日本国内のいくつかの大学や環境保護団体では、複数の人員で多数の国際条約の比較分析を行うタイプの研究プロジェクトを実施しており、いくつかのホームページは、条約の概要を理解する上で有益な情報源となっている。しかし、そのような場合でも、交渉過程の進捗と同時に内容とアップデートし続けるためには、多大な人手と知識を要する。一時的な比較分析だけでなく、それぞれの条約が継続していったことによる環境保全効果なども含めた総合的かつ時系列的な分析が理想的な形態といえよう。残念ながらそこまで包括的な研究は、ほとんど見かけない。

地球環境問題と他の国際問題との比較

さらに視野を広げると、地球環境問題は、その他のさまざまな国際問題の一部であることに気づく。国際関係論では、軍事的な安全保障が最も重要な課題であると認識されてきた。良好な国際関係を保つということは、紛争のない世界を保つということであり、平和を築いていくということである。平和を維持するために、国と国との間で交渉があり、国際法が合意される。経済問題に関しても同様に、貿易の問題、ある国の経済が急に混乱した場合の救援策、地域統合とグローバリゼーションとの関係など、それぞれが国の経済発展にとって重要な課題であり、種々の取り決めが存在する。

このように、軍事問題や経済問題と比較して、地球環境問題はどのような点で共通しているのか、そして、いかなる点が地球環境問題特有の特徴であるのか。また、従来型の国際問題と環境問題はどのようにつながっているか。

国際関係の構造がそもそも違うのではないかという考え方がある。つまり、軍事問題では、ある国が国土を広げれば、相手国は国土を失うなど、いわゆるゼロサムゲームの構造となりやすいが、経済問題、そしてさらに地球環境問題では、地球環境という公共財をすべての国が共有していくプラスサムゲームとして考えられるというのである。これに対して、軍事問題でも「平和」を公共財として見たてれば、ひとつの国際構造ですべての種類の国際問題が説明できるはず、ということになる。

また、地球環境問題における科学的知見の重要性は、他の国際問題には見られない特徴としてあげられる。しかし、国家間の軍事的・経済的パワーの配分にかかわらず、科学的にある事実が証明されれば、それにしたがって各国が対策をとらなければならなくなる点は共通している。また、科学的な不確実性が存在する場合には、不確実ななかでリスクを最小化する方策を話し合っていかなければならない。広い意味では、地球環境問題であっても、他のタイプの国際問題であっても、いわば「リスク管理」という点では共通する問題設定であり、環境問題の特殊性に注目するよりは、共通性に着目するアプローチもあるだろう。

地球環境問題は、日々刻々と進展している。国家間の関係も、同様である。過去の形跡を踏まえつつ、将来を見据えた研究が地球環境問題解決のためにも求められている。

地球環境政策を学ぶためのキーワード（五十音順）

【安全保障（環境との関係）】

国がある危険性に曝されたとき、その危険性から自国を守るに足る体制を日ごろから備えておくこと。一九八〇年代後半以降の旧ソ連の崩壊、冷戦構造の終焉に伴い、国際政治の関心が軍事的な安全保障から、環境問題など新たな種類の地球規模の問題に移り、危険性のひとつとして、地球環境問題が考慮されるようになった。また、紛争が環境破壊を引き起こしたり、環境の悪化が紛争につながるという問題も含まれる。

【インターリンケージ】

地球環境問題と他の国際問題との関連性。地球環境問題は、さまざまな問題と関連しており、その関連性に注目した研究がさかんになっている。世界の人類が目指すべき未来は、多種の目的が同時に達成されている社会であるとすると、環境保全や持続可能な発展はそのひとつであり、他の目的と両立させていく必要があると考えられる。リンケージに関する研究は、このように複数の目的を同時に達成するための政策提言型研究といえる。

【越境環境問題】

地球規模の問題ではないが、ひとつの国に収まらず国境を越えて問題が発生する問題群。古くは、国際河川の水質汚濁の問題や大気汚染問題、酸性雨問題がある。また、先進国の有害廃棄物が途上国内に不法投棄される問題など、南北問題と関連する場合もある。これらの問題は一国内の法整備では解決できないため、関係諸国間のみを対象とした国際法、あるいは、他国での発生を防止するためにすべての国を対象とした国際法を締結している。

【環境クズネッツ曲線】

経済発展度と環境汚染度との関係を逆U字型カーブで示した図。国が経済発展の初期段階では、急激な工業化や人口の都市集中などにより、環境が汚染される。しかし、ある時点を過ぎると、公害防止技術が普及し、豊かになった市民が環境問題により高い関心を払うようになることから、環境対策が進み、汚染は改善されることになる。これは、多くの先進国で実際に見られた現象であるが、環境が悪化から改善に変わる点については、国によって差がある。

【環境・債務スワップ】

途上国における環境破壊を食い止めるために、途上国政府に対して国内での環境保全を求め、かわりにその国の債務を帳消しにする制度。アメリカの環境保護団体が南米の国々と始めたのがきっかけ。環境保護団体の新しい活動として注目された。しかし、一九九〇年代をピークに途上国の債務がリスケジューリングなどの方法によって解消され始め、環境保護団体の資金支援にも制限があり、この制度はその後進展を見なくなった。

【環境保護団体（環境NGO）】

環境を保全するために活動することを目的とした非政府組織。対象とする環境問題によって、近くの川や自然を保全するなど身近な環境問題に取り組む団体から、気候変動問題や生物多様性問題など地球規模の問題に取り組む団体まである。近年、とくに地球環境問題を対象とする団体に関し、政府と同等に活動する団体が出てきていることが注目されている。政府を国家代表とする従来型の国際交渉に代わる新たな手続きと考えられる。

【気候変動に関する政府間パネル（IPCC）】

気候変動問題に関する科学的知見をまとめることを目的として、国連環境開発（UNEP）と世界気象機関（WMO）との協力で一九八八年に設立された国際組織。各国から気候変動問題に関連する研究者が集まり、既存の研究・論文を集約し、今までに四回の評価報告書を提出している。三つの作業部会を設置し、気候変動の現象解明、気候変動が生じたときに起こりうる影響、気候変動を抑制するために取りうる方策などについてまとめている。

【気候変動枠組条約】

一九九二年に採択され一九九四年に発効した条約。気候変動問題の解決を究極の目的としている。同条約内では、附属書Ⅰ国（先進国とロシアやポーランドなど旧計画経済国）は、二〇〇〇年までに一九九〇年の水準にまで温室効果ガス排出量を戻すことが目標として掲げられたが法的拘束力を持つものではなく、実際にこの目標を達成できた国は少なかった。また、二〇〇〇年以降の排出量については合意できず、京都議定書の成立を待つこととなった。

【京都議定書】

一九九七年に京都で開催されたCOP3（第三回気候変動枠組条約締約国会議）にて採択され、二〇〇五年に発効した議定書。附属書Ⅰ国について二〇〇八～二〇一二年の温室効果ガス排出量について上限を設定している。しかし、排出大国であるアメリカが批准していないなどの理由から、第一約束期間が終了する二〇一二年以降については未定となっている。

【共通だが差異ある責任】

地球環境問題は、地球上のすべての人々により取り組まれなければならない問題である。しかし、多くの地球環境問題は、先進国の経済発展が原因で生じている問題であること、また、途上国では、貧困の克服や経済成長が優先的課題であることから、先進国が途上国と比べて地球環境問題の解決に向けてより重い責任を負うということ。一九九二年の地球サミットのころから用いられるようになり、個別の地球環境関連の国際法の条文中にも用いられるようになった。

【クリーン開発メカニズム（CDM）】

京都議定書一二条に規定された制度。先進国が、途上国で温室効果ガス排出量削減に資する事業や植林など、温室効果ガスの吸収に資する事業を行った場合、その事業の実施によって減らされた排出量の一部を先進国の削減と見なすことが認められる制度。多くの場合、途上国での排出量削減事業は先進国で同量の削減を行うよりも低価格で実現できると考えられており、費用を減らしつつ途上国への技術移転も兼ねられる制度として注目されている。

【言説（discourse）】

国や組織の意思決定に関する研究において、そこに参加する個人や組織間の用いる言葉の意味や情報のやりとり。たとえば、気候変動問題ひとつをとっても、そのとらえ方によって、エネルギー問題、森林破壊問題、外交問題などと異なる面を強調することができる。ある主体の決定の根拠を明らかにするためには、その主体が用いた言説に注目し、主体の持っていた認識を分析することが有効と考えられている。

【効力（国際法の）】

ある環境問題の解決を目指して条約や議定書が作成されたとき、それが効力を持てば当該環境問題は解決に向かうことが期待される。したがって、効力を持つことは一般的に望ましいと考えられる。しかし、効力を強めたいと厳しい義務を規定すると同条約を批准する国が減り、そもそも条約が発効しなくなるなどの問題が生じる。期待される効力の強さと発効の容易度が反比例に近い関係である場合、最適な効力の大きさを予見することが重要となる。

【国連環境開発会議（UNCED）】

一九九二年六月にブラジルのリオデジャネイロで開催された地球環境問題に関する国際会議。ストックホルム会議の二〇周年会議としても位置づけられた。同会議の成果として、①「環境と開発に関するリオ宣言」の採択（行動の基本原則の集大成）、②アジェンダ21の採択（リオ宣言を実施するための行動プログラム）、③「森林に関する原則」の採択、④「気候変動枠組条約」および「生物多様性条約」の署名、がある。

【国連環境計画（UNEP）】

ストックホルム国連人間環境会議をきっかけに一九七二年に設立された国連機関。本部は、アフリカにも国連機関をという趣旨から、ケニアのナイロビに設置されている。同機関の目的は、既存の国連諸機関が実施している環境に関する活動を総合的に調整管理すること、および、国連諸機関によってまだ着手していない環境問題に関して新たな活動を始めることにある。世界の環境問題に関する報告書の出版といった啓蒙活動など幅広く活動している。

【酸性雨問題】

雨水中に、硫黄酸化物（SO_X）や窒素酸化物（NO_X）、揮発性有機化合物（VOC）が含まれることによって、酸化する現象。森林枯死、農作物収穫量の減少、湖沼に生息する魚類の死亡、石造建造物の溶解、といった被害が生じる。一九六〇年代から問題となり始め、ヨーロッパでは、一九七九年に長距離越境大気汚染条約が採択され、問題への取り組みが進んでいる。北東アジア地域ではようやく二〇〇〇年代から地域レベルでの観測協力が進み、状況も改善してきた。

【持続可能な発展】

環境保全と経済発展が矛盾するものではなく、両立させていけるものとする概念。一九八七年に「環境と開発に関する世界委員会（通称ブルントラント委員会）」の最終報告書「我ら共有の未来」では、「持続可能な発展とは、将来世代のニーズを満たす能力を損なうことなく現世代のニーズを満たす発展」（著者訳）であると定義している。一九九二年の国連環境開発会議においても中心概念として用いられた。

【遵守（締約国の）】

ある国際法があっても、その内容を締約国が守らなければ、効果的な国際法であるとはいえない。そのため、国際法の効力は、締約国の遵守の程度に大きく依存する。遵守を促進するためには、いくつかの方法が考えられるが、環境関連の国際法には締約国の自主的な参加を前提としているものが多く、不遵守時の罰則規定よりも、情報の公開や途上国への支援など、遵守の促進を目指した規定が盛り込まれる場合が多い。

【女性（環境と女性）】

女性の地位と環境問題に関する議論に関し、女性を環境と同様に見なす考え方、女性を環境問題の被害者として扱う考え方、そして、女性を環境問題の原因として扱う考え方、がある。先進国と途上国で、あるいは文化や社会制度の違いによって女性の社会的地位や役割が異なることから、最適な方策は、ケースバイケースで違ってくるが、女性の社会的地位向上と環境保全はプラス方向に相乗効果を生むと考えられている点は共通している。

【ストックホルム国連人間環境会議】

一九七二年にスウェーデンのストックホルムで開催された地球環境問題に関する初めての国際会議。当時深刻な問題として認識されていた人口爆発、食糧不足、エネルギー資源の枯渇などについて「かけがえのない地球」をキャッチフレーズに話し合われた。採択された「ストックホルム人間環境宣言」及び「国連国際行動計画」では、このような問題に対する取り組みと途上国の経済発展が併記された。また国連環境計画設立が合意された。

【政策（意思）決定過程】

ある国が政策決定（意思決定）を行う間の手続きや動向。決定の結果としての政策だけを見るのではなく、政策決定にいたるまでの関係者・組織間での協調、対立、妥協などに注目することにより、政策がそのように決定された原因が理解される。このような過程への着目は、政策決定の要因分析、国家間比較分析など、さまざまな分析に発展するため、地球環境問題という共通の問題への対応の相違を研究するのに有益な手段となる。

【生物多様性条約】

生物の他方性の保全、その構成要素の持続可能な利用及び遺伝資源の利用から生じる利益の公正な配分を目的として、一九九二年に採択、一九九三年に発効。目的の実現に向けて、国家計画を策定し実施することが締約国に義務付けられている。また、この条約の目的に関連し、バイオテクノロジーによって改変された生物の安全な移動や利用の管理を目的とした「カルタヘナ議定書」が二〇〇〇年に採択され、二〇〇三年に発効した。

【世界貿易機構（WTO）】

自由貿易の発展を目指して、一九四七年に合意された関税および貿易に関する一般協定（ＧＡＴＴ）の議論に基づき、一九九五年に設立された機関。一般的な貿易ルールの他、非関税障壁の撤廃、農業産品や繊維といった特定分野の貿易ルールなど、対象範囲は拡大し、近年では、サービスの取引や知的財産権といったソフトな財産に対するルール作りまで着手している。貿易と環境問題は密接な関係にあるが、ＷＴＯ内での議論は進んでいない。

【世代間公平】

現在の時代に生きる世代と将来世代との間に、不公平が生じないような発展パターンを選択すべきという考え方。持続可能な発展を実現するために不可欠な要素とされる。現世代が自らの経済的豊かさを求めて地球上の資源や環境を利用しすぎると、将来世代が利用できなくなる。そのため、将来世代に少なくとも現世代と同水準の生活を保証することが必要と考えられるが、実際にどれほどの資源を残さなくてはならないかという議論には結論がでていない。

【専門家集団（epistemic community）】

地球環境問題のように、問題解決に科学的知見が必要とされるテーマにおける科学者の集団。政府が決定力を持つと考えられる通常の国際交渉に対して、地球環境問題では、このような専門的知識を有する科学者が決定的な役割を果たすとしてハース（Haas）を中心に主張されている。問題によって専門家集団の果たす役割の大きさが違う、あるいは、問題提起の時期と政策実施の時期では影響度が異なる、などの意見がある。

【地球環境ファシリティー（GEF）】

一九九一年三月に途上国の地球環境保全を目的とした事業や活動に対する贈与または超低利融資で資金を供給する機関として、世界銀行、ＵＮＤＰ、ＵＮＥＰの三機関の協力体制の下に発足した。当初、パイロット・フェイズとして一九九四年までの三年間のプログラムとして発足したが、一九九四年には本格フェーズの枠組みが合意された。活動対象は、気候変動の抑制、生物多様性の保全、国際水域汚染の防止、オゾン層保護の四分野となっている。

【地球環境問題】

地球規模で発生している問題あるいは地球規模で取り組むべき問題群。気候変動問題やオゾン層破壊問題、生物多様性問題などが含まれる。その他、酸性雨問題や国際河川の汚染など、地球規模ではないが複数の国にまたがって生じる越境問題や、途上国における急激な環境劣化、放射性廃棄物処理問題なども含まれることが多い。一九八〇年代から関心が高まり、国際法の採択や会議の開催などをつうじて取り組みが進んでいる。

【比較政治学】

ある国の政策決定の特徴をより明確にするためには、他の国と比較してみることが有益である。複数の国を比較することにより、すべての国に共通の性質や、ある国に特有の性質が、説得力をもって示される。環境政策研究においても、同じ種類の問題に対する対策方法は必ずしも同じとは限らず、国を比較することにより、対策の成功・失敗の理由、あるいは、国の特有な理由などを示す研究が増えている。

【民主主義（環境と民主主義）】

近代の民主主義は、自由主義的なものから社会主義的なものまで多様であり、一義的な概念を説明しづらくなっている。しかし、原則として国民の自由と平等を掲げている点では共通している。民主主義ではない国として軍部などによる独裁政権があり、そこからの脱却が国民の自由と平等を勝ち取る道と考えられる。アジア地域をはじめとするいくつかの国では、民主主義を目指した反政府運動と環境保全活動が一元化している。

【モントリオール議定書（オゾン層破壊物質を規制するための）】

オゾン層破壊物質を規制することを目的として一九八七年にカナダのモントリオールにて採択された議定書。一九八五年に採択されたウィーン条約では、具体的にオゾン層破壊物質を規制するものではなかったために、それが議定書の目的となった。その後、代替物質への移行が進み、全廃時期を前倒しするための改正が合意されている。また、途上国での実施を促進するために基金が設立されるなど、活動が進んでいる。

【レジーム】

レジームとは、「国際関係の所与の範囲において、主体の期待するものが集約される、明瞭な、あるいは暗黙の原則、規範、規則、および意思決定手続きのまとまり」と定義される（Krasner）。つまり、成文化された条約のような国際法ばかりでなく、ゆるやかな合意、ルール、複数の国で共有している規範など成文化されていないものであっても国家間の関係を示すのに有益な概念として、一九八〇年代以降用いられるようになった。

リーディングガイド

[地球環境関連の最新情報を知るために]

World Resources

World Resources Institute（隔年）, New York: Oxford University Press.（邦訳『世界の資源と環境』（財）環境情報普及センター）

二年おきに出版されている。世界資源研究所（WRI）はアメリカでも最も知られた環境保護団体のひとつ。毎回新しいトピックを盛り込むと同時に、世界の環境の状態について経年データを掲載している。

State of the World

World Watch Institute（毎年）, New York: W. W. Norton & Company.（邦訳『地球白書』ダイヤモンド社）

毎年新しいものが出されている。これも世界資源研究所のものと同様、その時々の関心事をテーマとしてあげて、読み物としてもおもしろく仕上がっている。

The World Bank Annual Report

Washington D.C.: The World Bank.（邦訳『世界銀行年次報告』世界銀行東京事務所）

世界銀行が毎年出している活動報告書。毎年、環境問題への関連部分が増加している。環境問題のみならず途上国の持続可能な発展を考える際には最適。

『地球環境条約集』（第四版）

地球環境法研究会編、二〇〇三、中央法規。

環境関連条約について、網羅的にまとめた辞典のような書物。数年ごとに改版している。

『環境白書（環境の状況に関する年次報告）』

環境省（毎年）。毎年出版されている日本の環境政策に関する報告書。

『アジア環境白書』

日本環境会議「アジア環境白書」編集委員会編（隔年）、東洋経済新報社。隔年で出版されている。世界資源研究所の報告書のアジア版的な報告書。図表が多く、視覚的にわかりやすい。

【環境研究をする上で参考となる出版物】

『地球の未来を守るために』

環境と開発に関する世界委員会著、大来佐武郎監訳、一九八七、福武書店。近年の地球環境問題ブームの原点ともいえる一冊。

『入門地球環境政治』

ガレス・ポーター、ジャネット・ウェルシュ・ブラウン著、細田衛士監訳、一九九八、有斐閣。地球環境問題の国際関係について、アクターやレジームといった観点から議論している。

『開発経済学』

速水佑次郎、一九九五、創文社現代経済学選書。途上国の持続可能な発展に向けた方策について経済学の視点からわかりやすく解説した本。

『新しい地球環境学』

西岡秀三、二〇〇〇、古今書院。オゾン層破壊や気候変動問題といった地球環境問題をわかりやすく解説した本。

『気候変動と人間の選択――我々は何を学んだのか』

エリザベス・マローン、スティーブ・レイナー編著、近藤次郎監修、(財)電力中央研究所訳、一九九九、毎日新聞社。

原著はこの本が第四巻にあたり、全四巻のシリーズ。気候変動問題を自然科学、社会科学のあらゆる分野から分析しており、できるかぎり原文(Battelle Memorial Institute から出版)で当たられることをお勧めする。


『地球温暖化交渉の行方』

高村ゆかり・亀山康子編、二〇〇五、大学出版。

京都議定書の第一約束期間が終了する二〇一二年以降の国際制度のあり方に関する議論や諸提案の詳細をとりまとめた説明本。


『NGOと地球環境ガバナンス』

毛利聡子、一九九九、築地書館。

一九九二年のUNCEDとその後の国際的動向における環境保護団体のネットワークについて、理論をふまえつつ詳細な実地調査を行っている。


『地球環境外交と国内政策――京都議定書をめぐるオランダの外交と政策』

蟹江憲史、二〇〇一、慶應義塾大学出版会。

気候変動問題に対するオランダ政府の政策決定を分析した本。


『地球環境条約――生成・展開と国内実施』

西井正弘編、二〇〇五、有斐閣。

主要な多国間地球環境条約に関して、条約ができあがるまでの交渉過程やその後の発展、及び日本国内での実施状況についてとりまとめた本。

【ホームページ】

http://www.env.go.jp

日本環境省のホームページ

http://www.eic.or.jp

ＥＩＣネットのホームページ。海外の環境政策の最新ニュースなど環境関連の情報を提供。

http://www.geic.or.jp

地球環境パートナーシッププラザのホームページ。環境省と国際連合大学が共同で運営する環境情報センター。身近な環境にやさしい暮らしなどに関する情報が充実。

http://www.mofa.go.jp

日本外務省の公式ホームページ。

http://www.unep.org

国連環境計画（ＵＮＥＰ）のホームページ。各種環境関連条約の事務局ホームページへのリンクも充実。

http://www.iisd.ca

世界的に活躍している環境保護団体 International Institute for Sustainable Development の公式ホームページ。

● 索　引 ●

ア行

亜酸化窒素（N_2O）……75, 84
アジア開発銀行……176
アジア酸性雨モニタリングネットワーク……74, 231
アジア・太平洋環境会議（エコ・アジア）……231
アジア太平洋地球変動研究ネットワーク（APN）……231
アジェンダ21……13, 14, 16, 17, 27, 40, 50, 162, 163, 223
油による汚染に係る準備、対応及び協力に関する国際条約（OPRC）……47
油流出の防止に関する条約（OILPOL）…47, 59
アメリカ―カナダ大気質に関する協定……73
アリソン、グレアム……121
安全保障……16, 19, 58, 101, 207, 209-213, 231, 235
硫黄酸化物（SOx）……70-73, 83, 105, 134
一般廃棄物……178
遺伝子組換（改変）……91, 92, 108
インターリンケージ……207, 208, 227
ウィーン条約→オゾン層の保護のためのウィーン条約
ヴォーゲル、デヴィッド……147, 148
エーリッヒ、ポール……6
エクソン＝バルディーズ号（バルディーズ原則）……48, 158
エコ・アジア→アジア・太平洋環境会議
エコ・デベロップメント……18
越境環境問題……32, 36, 210
越境水路および国際湖沼の保護および利用に関する条約（ヘルシンキ条約）……47
汚染者負担の原則（PPP）……200
オゾン層の保護のためのウィーン条約……39, 46, 105, 133, 193
オゾン層破壊……40, 46, 55, 78, 98, 99, 112, 124, 131, 133, 154, 156, 157, 183, 193, 194
オゾンホール……46
温室効果ガス……75-77, 79-85, 108, 128, 133, 137, 190, 195, 199-201

カ行

カーソン、レイチェル……5
カーター、ジミー……10, 132
カーン、ハーマン……8
海外直接投資……186
開発援助委員会（OECDの）（DAC）……186, 206
海洋汚染……39, 40, 47, 48
蛙飛び→リープフロッグ
科学的知見……56, 74, 78, 97-99, 101-104, 108, 114, 145, 154-156, 236
科学的不確実性……68, 78, 132, 133, 154
化学物質の管理……33
ガバナンス……16, 94, 96
環境アセスメント→環境事前評価
環境NGO→環境保護団体
環境開発サミット→持続可能な開発に関する世界首脳会議
環境管理庁（インドネシアの）（BAPEDAL）……179
環境クズネッツ曲線……172, 176
環境・債務スワップ……172, 188-190
環境事前評価（環境アセスメント）……181
環境省（インドネシアの）（LH）……179
環境白書……33
環境保護団体（環境NGO）……12, 14, 66, 122, 123, 131, 149-152, 158-162, 170, 180-182, 188-190, 220, 225
環境保護庁（アメリカの）（EPA）……133-135
関税及び貿易に関する一般協定（GATT）……216-218
企業（産業界）……12, 14, 41, 51, 98, 99, 123, 135, 144, 150-152, 156-159, 161, 170, 186-188, 196-198
気候変動（地球温暖化）……33-37, 75, 77-81, 88, 89, 92, 104, 108, 119, 131-133, 136-138, 140, 142-145, 190, 191, 195, 196, 200-202
気候変動に関する政府間パネル（IPCC）……78, 79, 102, 119, 125, 132, 154, 156, 197
気候変動枠組条約（UNFCCC）……13, 40, 63, 66, 77, 79, 81, 105
北アメリカ自由貿易協定（NAFTA）……217

北大西洋条約機構（NATO）……163, 213
既得権（グランド・ファーザリング）……201
規範……62, 94-96, 156
脅威……209-212
共通だが差異ある責任……172, 174, 199
京都議定書……40, 63, 64, 80, 84-89, 100, 101, 105, 126, 129, 134, 136, 139, 141-143
京都メカニズム……86, 128, 129, 190
「共有地の悲劇」……5
クズネッツ、サイモン……175
グランド・ファーザリング→既得権
クリーン開発メカニズム（CDM）……128, 190, 191, 196
グリーンピース……159, 161
グローブ（GLOBE）……154
クロロフルオロカーボン類（CFC類）…37, 46, 60, 194
経済協力開発機構（OECD）……22, 51, 71, 72, 79, 112, 165, 185, 200
ゲーミング・シミュレーション……106, 109, 113
ゲーム理論……59, 109-112
言説……120, 156
効果→効力
工業化……5, 7, 74, 146, 175, 177, 178, 194
構造主義……156
行動主体……120, 121, 151, 163, 165
公平性……13, 21, 22, 24, 112, 174, 197-200, 202
効力（効果）……52-56, 58, 59, 67-69, 96, 97, 189-191
国際応用システム研究所（IIASA）……113
国際開発協会……181
国際海洋法（UNCLOS）……104
国際河川の汚染……33, 35
国際環境自治体協議会（ICLEI）……162
国際関係論……95, 101, 109, 120-122, 146, 151, 176, 208
国際金融公社……181
国際自然保護連合（IUCN）……18, 92
国際通貨基金……181
国際熱帯木材協定（ITTA）……39, 44, 226
国際復興開発銀行……180
国際捕鯨条約……54
国際労働機構（ILO）……4
国立公衆衛生環境研究所（オランダの）……113
国連アジア太平洋経済社会委員会（ESCAP）……231
国連環境開発会議（UNCED）（地球サミット）……12-14, 16, 18, 32, 45, 50, 79, 92, 96, 126, 149, 162, 172, 174, 181, 183, 194, 195, 199, 223
国連環境計画（UNEP）……8, 18, 49, 51, 57, 92, 98, 99, 106, 180, 182, 184
国連教育科学文化機関（UNESCO）……4
国連砂漠化対処条約（UNCCD）……50
国連食糧農業機関（FAO）……4
国連森林フォーラム（UNFF）……45
国連人間環境会議（ストックホルム人間環境会議）……6-10, 12, 32, 71, 147, 172, 179
ココ事件……51
コースの定理……200
国家環境保護庁（中国の）（NEPA）……179
こどもエコクラブアジア太平洋会議……231
コペンハーゲン合意……90
コンサーベーション・インターナショナル（CI）……152, 189

サ行

再生可能（な）資源……21
サイモン、ジュリアン……8
削減目標（排出量の）……72, 82, 89, 102, 114, 125, 128-131, 135, 138, 140, 142, 202
サスカインド、ローレンス……56
砂漠化……33, 34, 37, 40, 49, 50, 170, 179, 183, 226, 227
砂漠化に対処するための行動計画（PACD）……49
産業界→企業
酸性雨……32-35, 40, 46, 69-75, 124, 134, 149
資源の保全と利用に関する国連科学会議……4
システムダイナミクスモデル……6
G77プラス中国……202, 206
自然資源の枯渇……5, 35, 210
持続可能な開発委員会（CSD）…14, 16, 45, 153
持続可能な開発に関する世界首脳会議（環境開発サミット）（WSSD）……16
持続可能な発展……2, 3, 10, 13, 15-25, 32, 158, 161, 172, 173, 199, 206, 208, 216, 221, 223
持続可能な発展のための国際研究所（IISD）……161
持続可能な発展のための世界経済人会議（WBCSD）……158
支払い可能者負担の原則……201
借款……186

自由貿易 …… 214-219
囚人のジレンマ …… 110, 111
従属理論 …… 176
ジュスカンズ（JUSSCANNZ）…… 127
ジュネーブ条約→長距離越境大気汚染条約
遵守 …… 33, 52-55, 57-64, 86, 88, 133, 179
小島嶼諸国連合（AOSIS）…… 195
条約―議定書タイプ …… 101, 104, 106
食物連鎖 …… 5, 91
食糧不足 …… 5
女性 …… 13, 14, 219-224
新工業経済発展地域（NIES）…… 177
人口増加（人口爆発）…… 5, 6, 9, 10, 22, 37, 55, 128, 178, 210, 214, 222, 224
森林原則 …… 13, 14, 45
森林減少（森林破壊）…… 34, 44, 178, 183
ストックホルム環境研究所 …… 113
ストックホルム人間環境会議→国連人間環境会議
スラム（化）…… 37, 178
「成長の限界」…… 6, 26
制度 …… 24, 72-74, 93-97, 146-151, 184, 188-192
政府開発援助（ODA）…… 16, 158, 180, 186, 203
政府貸付 …… 185, 186
生物多様性条約（CBD）…… 13, 52, 67, 92, 93, 183, 187, 195
「西暦2000年の地球」…… 10, 77, 132
世界環境開発会議（WCED）…… 10, 18, 211
世界銀行 …… 150, 180-182
世界システム論 …… 176
世界保健機関（WHO）…… 4
「世界保全戦略」…… 18
世界貿易機構（WTO）…… 11, 16, 207, 214, 216, 219
世界野生生物基金（WWF）…… 161, 189
世代間の公平性 …… 21, 22, 24
世代内の公平性 …… 22, 24
絶滅のおそれのある野生動植物の種の国際取引に関する条約（ワシントン条約）（CITES）…… 39, 43, 90, 218
セベソ事件 …… 51
1973年の船舶による汚染の防止のための国際条約（MARPOL）…… 39, 47
先進国病 …… 7
宣誓及び評価（プレッジアンドレビュー）…… 126
専門家集団 …… 155
贈与 …… 185

タ行

大気浄化法（アメリカの）…… 73, 134
第3回締約国会議（気候変動枠組条約の）（COP3）…… 82-84, 127, 135, 141
多元主義 …… 122
多国間投資保証局 …… 181
チェース、アブラム／チェース、アントニア …… 58
チェルノブイリ原発事故 …… 34
地球温暖化→気候変動
地球温暖化対策推進大綱 …… 129
地球温暖化対策推進本部 …… 129
地球温暖化防止行動計画 …… 126
地球環境ファシリティー（GEF）…… 61, 172, 182-184
地球環境保全に関する関係閣僚会議 …… 125
地球環境問題 …… 3, 4, 8, 11-14, 18, 32-37, 40, 41, 56, 58-60, 107, 121-127, 147, 162, 172-174, 193, 206-210
地球環境問題に関する国連環境開発特別総会（UNGASS）…… 14, 16
地球サミット→国連環境開発会議
「地球大気保全のための予防手段」委員会（ドイツの）…… 138
地球的規模の環境問題に関する懇談会 …… 125
地球の友（FOE）…… 161, 162
地球の容量 …… 3
地中海汚染防止条約 …… 39
窒素酸化物（NOx）…… 70-73, 105
長距離越境大気汚染条約（ジュネーブ条約）（LRTAP）…… 72
『沈黙の春』…… 5, 26
デュポン …… 157
特に水鳥の生息地として国際的に重要な湿地に関する条約（ラムサール条約）…… 38, 44
土壌浸食 …… 33
トリプティック・アプローチ …… 140

ナ行

ナイロビ宣言 …… 10
ナルマダ渓谷開発計画 …… 182
二国間援助 …… 185
二酸化炭素（CO_2）…… 11, 36, 37, 46, 60, 75-80, 84, 86, 108, 125, 126, 128, 129, 132-135,

137-140, 154, 190, 195-198, 200, 227
二〇一〇年目標（生物多様性条約）……93
ニーズ……19, 22, 210
日本海環境協力会議……228
日本・中国・韓国３カ国環境大臣会合（TEMM）……231, 240
二レベルゲーム分析……122
認識……34, 49, 74, 107, 154
ネーチャー・コンサーバンシー（TNC）……189
ノルドヴェイク会議……78, 137, 138

ハ行

バイオセーフティーに関するカルタヘナ議定書……105
廃棄物その他の物の投棄による海洋汚染の防止に関する条約（ロンドン条約）……48
排出量取引制度（排出許可枠取引制度）……73, 74, 134, 136, 190
ハイドロフルオロカーボン（HFCs）……84
ハイポリティクス……207
ハース、ピーター……155
発生・再発生伝染病……212
パットナム、ロバート……122
ハーディン、ガレット……5, 6
バード＝ヘーゲル決議……135
パーフルオロカーボン（PFCs）……84, 128
バマコ条約……40
バルディーズ原則→エクソン＝バルディーズ号
被害者負担の原則……201
比較研究……147-148, 151
費用―便益分析……145
ブエノスアイレス行動計画……86, 88
フェミニズム……220
負荷……3
不遵守手続き……62
フーネレポート……7, 18
ブルントラント、グロ……10, 19
プレッジアンドレビュー→宣誓及び評価
分析レベル……122
紛争……11, 94, 131, 207, 210-213
ベッカーマン、ウィルフレッド……8
ベネディック、リチャード……98
平等主義……201
ヘルシンキ条約→越境水路および国際湖沼の保護および利用に関する条約
ベルリン・マンデート……82, 84, 86, 134
貿易と環境に関する委員会（CTE）……218
包括的アプローチ……133
法的拘束力……45, 126, 134, 135
北西太平洋地域海行動計画（NOWPAP）……48
ホーマー・ディクソン、トーマス……210

マ行

マキシ＝ミニ……201
マラケシュ合意……88, 130, 142, 191
ミッチェル、ロナルド……59
緑の党……153
民主主義……146, 150, 153, 224, 225
無償資金協力……185
メタン（CH4）……75, 76, 84, 128, 129, 133
メディア……11
モニタリング……37, 56, 57, 72, 74, 92, 97, 103
モントリオール議定書……46, 56, 62, 64, 81, 98, 99, 105, 155, 156, 194, 218

ヤ行

野生生物の種の減少……33
有機化合物（VOC）……70, 72
有害廃棄物の越境移動……33, 35
有害廃棄物の国境を越える移動及びその処分の規制に関するバーゼル条約……51, 218
ユニオンカーバイト……187
ヨハネスブルグ宣言……16, 18
予防原則……145

ラ行

ライン川塩化物汚染防止条約……39
ライン川汚染防止国際委員会協定……38
ライン川化学汚染防止条約……39
ラムサール条約→特に水鳥の生息地として国際的に重要な湿地に関する条約
リオ宣言……13-15, 199
リーケージ……56
リーダーシップ……99-103, 140, 141, 144
リープフロッグ（蛙飛び）……177
離陸……175
冷戦……11, 131, 210
レヴィー、マーク……55, 212
レジーム……58, 94-97, 100, 101, 109, 115
ローカルアジェンダ……163
ロストー、ウイットマン……175
六フッ化窒素（SF6）……84, 128, 135

ローポリティクス …… 207
ローマ・クラブ …… 6
ロールス、ジョン …… 201
ロンドン条約→廃棄物その他の物の投棄による海洋汚染の防止に関する条約

ワ行

ワイス、エディス＝ブラウン …… 56
ワシントン条約→絶滅のおそれのある野生動植物の種の国際取引に関する条約
『われら共有の未来』 …… 10
ワレンシュタイン、イマニュエル …… 176

略語

AOSIS →小島嶼諸国連合
APN →アジア太平洋地球変動研究ネットワーク
BAPEDAL →環境管理庁
CBD →生物多様性条約
CDM →クリーン開発メカニズム
CFC 類→クロロフルオロカーボン類
CH4→メタン
CI →コンサーベーション・インターナショナル
CITES →絶滅のおそれのある野生動植物の種の国際取引に関する条約
CO_2→二酸化炭素
COP3→第３回締約国会議
CSD →持続可能な開発委員会
CTE →貿易と環境に関する委員会
DAC →開発援助委員会
DDT …… 5
EPA →環境保護庁
ESCAP →国連アジア太平洋経済社会委員会
FAO →国連食糧農業機関
FOE →地球の友
GATT →関税及び貿易に関する一般協定
GEF →地球環境ファシリティー
GLOBE →グローブ
HFCs →ハイドロフルオロカーボン
ICLEI →国際環境自治体協議会
IIASA →国際応用システム研究所
IISD →持続可能な発展のための国際研究所
ILO →国際労働機構
IPCC →気候変動に関する政府間パネル
ITTA →国際熱帯木材協定
IUCN →国際自然保護連合
JUSSCANNZ →ジュスカンズ
LH →環境省
LRTAP →長距離越境大気汚染条約
MARPOL →1973年の船舶による汚染の防止のための国際条約
NAFTA →北アメリカ自由貿易協定
NATO →北大西洋条約機構
NEPA →国家環境保護庁
NIES →新工業経済発展地域
N_2O →亜酸化窒素
NOWPAP →北西太平洋地域海行動計画
NOx →窒素酸化物
ODA →政府開発援助
OECD →経済協力開発機構
OILPOL →油流出の防止に関する条約
OPRC →油による汚染に係る準備、対応及び協力に関する国際条約
PACD →砂漠化に対処するための行動計画
PFCs →パーフルオロカーボン
PPP →汚染者負担の原則
SF6→六フッ化窒素
SOx →硫黄酸化物
TEMM →日本・中国・韓国３カ国環境大臣会合
TNC →ネーチャー・コンサーバンシー
UNCCD →国連砂漠化対処条約
UNCED →国連環境開発会議
UNCLOS →国際海洋法
UNEP →国連環境計画
UNEP 管理理事会特別会合 …… 8
UNESCO →国連教育科学文化機関
UNFCCC →気候変動枠組条約
UNFF →国連森林フォーラム
UNGASS →地球環境に関する国連環境開発特別総会
VOC →有機化合物
WBCSD →持続可能な発展のための世界経済人会議
WCED →世界環境開発会議
WHO →世界保健機関
WSSD →持続可能な開発に関する世界首脳会議
WTO →世界貿易機構
WWF →世界野生生物基金

■著　者

亀山康子（かめやま　やすこ）

（独法）国立環境研究所社会環境システム研究センター持続可能社会システム研究室室長。東京大学大学院新領域創成科学研究科客員教授併任。専門は国際関係論。主な著作に、Climate Change in Asia: Perspectives on the Future Climate Regime（United Nations University Press, Agus P. Sari らと共編、2008）、『気候変動と国際協調――京都議定書と多国間協調の行方』（高村ゆかり氏と共編、慈学社、2011）など。

新・地球環境政策

2010年10月30日　初版第1刷発行
2012年10月1日　初版第2刷発行

著　者　亀　山　康　子

発行者　齊　藤　万　壽　子

〒606-8224 京都市左京区北白川京大農学部前
発行所　株式会社　昭　和　堂
振替口座　01060-5-9347
TEL (075)706-8818/FAX (075)706-8878
ホームページ http://www.kyoto-gakujutsu.co.jp/showado/

印刷　亜細亜印刷

ISBN 978-4-8122-1042-0

森晶寿・植田和弘 編
温室効果ガス25％削減
——日本の課題と戦略
定価二三一〇円

水谷洋一・酒井正治・大島堅一 編
地域発！ストップ温暖化ハンドブック
定価二九四〇円

李秀澈 編
東アジアの環境賦課金制度
——制度進化の条件と課題
定価六五一〇円

窪田順平 編
モノの越境と地球環境問題
——グローバル化時代の〈知産知消〉
定価二五二〇円

福嶌義宏 著
黄河断流
——中国巨大河川をめぐる水と環境問題
定価二四一五円

小長谷有紀・シンジルト・中尾正義 編
中国の環境政策　生態移民
——緑の大地、内モンゴルの砂漠化を防げるか？
定価二九四〇円

昭和堂

（定価には消費税5％が含まれています）